Sigrid Schöpe

Zirkustricks
mit meinem Pferd

Gymnastizieren, Motivieren, Partnerschaft stärken

KOSMOS

Inhalt

Spiel, Spaß und Motivation

Bodenarbeit gehört in allen Disziplinen zur grundlegenden Ausbildung eines Pferdes. Egal welche Rasse, egal ob junges oder älteres Pferd: Die Verständigung am Boden ist die Basis für eine gute Partnerschaft und für harmonisches Reiten. Suchen Pferd und Reiter neue Herausforderungen oder mehr Abwechslung im Trainingsalltag, dann ist das Üben von Zirkustricks ideal. Zirkuslektionen machen Spaß, erhöhen die Motivation auf beiden Seiten und stärken das Selbstvertrauen ungemein.

Ich bin sicher, auch Sie und Ihr Pferd werden von den unterschiedlichen Übungen in diesem Buch profitieren!

Basisübungen

Bodenarbeit ist die Basis für jegliche Arbeit mit dem Pferd. Auch beim Üben von Zirkuslektionen ist es von Vorteil, wenn das Pferd bereits grundlegende Übungen kennt. Dazu gehört, dass es ruhig stehen bleibt, sich überall anfassen und sich problemlos führen lässt. Ein Aufwärmtraining am Boden beugt außerdem Verletzungen vor.

Zirkuslektionen

Zirkuslektionen basieren auf den natürlichen Verhaltensweisen des Pferdes. Ein Pferd, das imponieren möchte, zeigt vielleicht den Spanischen Schritt. Bei spielerischen Kämpfen sieht man oft steigende oder kniende Pferde. Diese Bewegungen nutzt man, indem man sie separiert und auf Kommando abrufbar macht.

Tricks

Tricks sind eine nette Ergänzung im Repertoire. Wenn Ihr Pferd bei den Zirkuslektionen gern mitarbeitet, wird es auch kleine
Tricks schnell lernen. Lassen Sie sich auf
Messen oder anderen Veranstaltungen
inspirieren. Der Fantasie sind keine Grenzen gesetzt. Das Schöne ist, dass Sie mit
Ihrem Pferd meist schnelle Erfolgserlebnisse
haben. Sie loben Ihr Pferd oft und haben
viel Spaß miteinander – das stärkt Ihre
Freundschaft!

Vorausblickend üben

Nicht alle Zirkuslektionen eignen sich für
jedes Pferd. Mit einem sehr dominanten
Pferd sollte man Steigen oder Spanischen
Schritt besser nicht einüben. Überlegen
Sie sich, von welcher Lektion Sie und Ihr
Pferd profitieren.
Gerade schwierigere Übungen wie das
Steigen lassen Sie sich am besten von einem
guten Trainer zeigen. Jedes Pferd reagiert
anders und Sie sollten sich keiner Gefahr
aussetzen.

Die Grundlagen

Prinzipiell können Sie mit allen Pferden Zirkuslektionen erarbeiten, unabhängig von Alter, Rasse oder Ausbildung. Nehmen Sie aber Rücksicht auf das Temperament Ihres Pferdes: Mit hektischen Pferden sollten Sie besonders ruhig und gelassen üben. Junge Pferde haben häufig Spaß am Lernen von Tricks, können sich aber möglicherweise noch nicht so lange konzentrieren. Bei Pferden mit gesundheitlichen Problemen sollten Sie vorab einen erfahrenen Trainer fragen, welche Übungen sich eignen und keinen Schaden anrichten.

Vertrauen

Das Erlernen von Zirkuslektionen schenkt Ihnen und Ihrem Pferd viele positive Erlebnisse. Es wird mit Sicherheit Ihr Verhältnis verbessern. Es ist aber wichtig, dass Sie bereits angst- und aggressionsfrei miteinander umgehen. Ihr Pferd sollte sich ohne Abwehr überall berühren lassen und Ihre Führungsrolle akzeptieren.

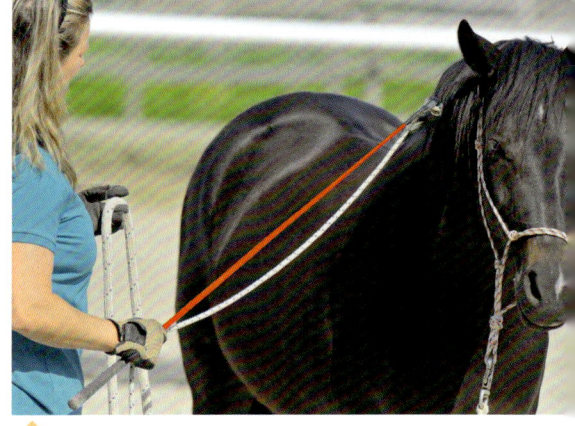

Führtraining

In meinem Buch „Bodenarbeit mit Pferden" habe ich die Grundlagen des Führtrainings erklärt. Kennt Ihr Pferd die Arbeit am Boden, haben Sie es auch beim Üben von Zirkuslektionen leichter. Je besser die Basisarbeit, desto schneller wird Ihr Pferd verstehen, was Sie von ihm wollen. Das ist wichtig, um seine Motivation zu erhalten.

Übungsplatz

Üben Sie auf einem umzäunten Platz. Das kann der Reitplatz sein, ein Roundpen oder eine Koppel. Auf der Weide haben Sie es vermutlich zunächst nicht leicht, Ihrem Pferd begreiflich zu machen, warum es nun nicht fressen, sondern arbeiten soll.

Sie sollten anfangs allein mit Ihrem Pferd auf dem Übungsplatz sein, damit es nicht unnötig abgelenkt wird. Später, wenn das Pferd seine Aufgaben routiniert meistert, stören meist auch andere Pferde und Reiter das Training nicht mehr. Voraussetzung: Die Führungsrolle zwischen Ihnen und Ihrem Pferd ist geklärt.

Für Übungen, bei denen das Pferd vermehrt Bodenkontakt bekommt (Knien, Ablegen, Kompliment etc.), ist ein weicher Boden angenehmer.

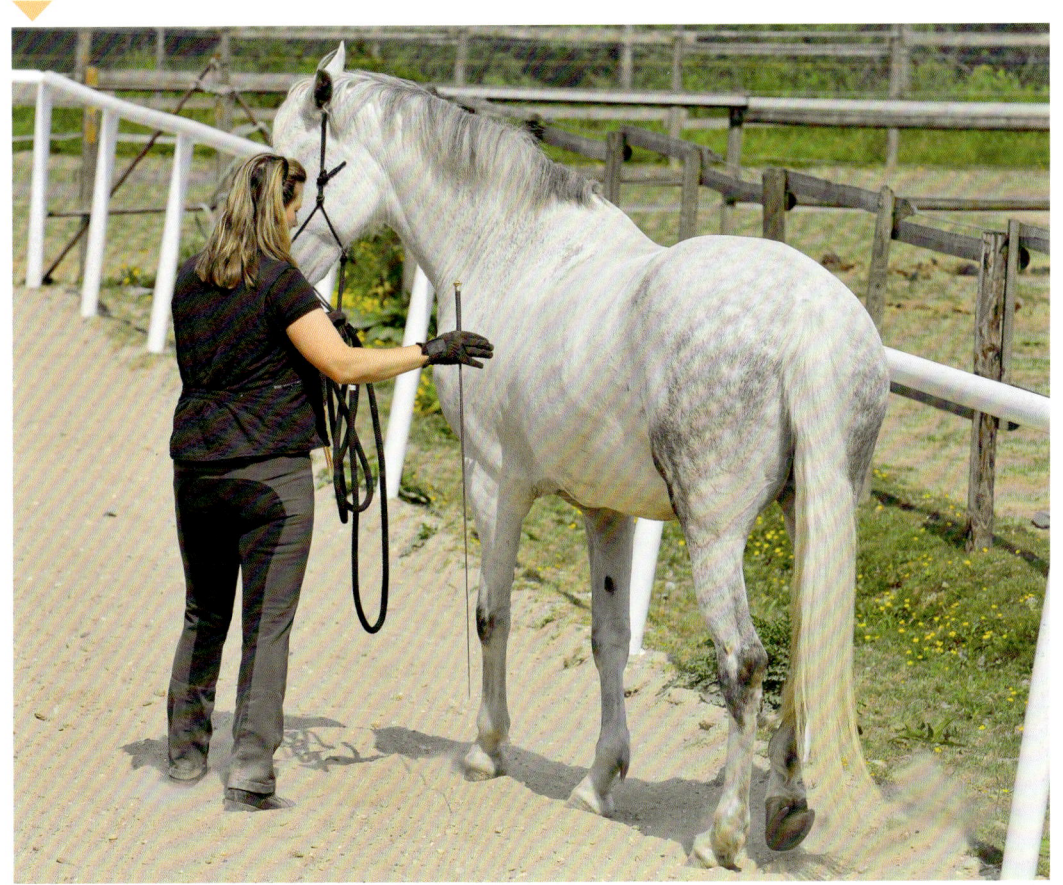

Trainingsstrategien

Das Schöne an Zirkuslektionen ist, dass man sie später in nahezu jeder beliebigen Reihenfolge ausprobieren und kombinieren kann. Dadurch ist man beim Üben viel freier und kann tun, was wirklich Spaß macht. Hiervon profitieren auch die Pferde, wenn Sie beim Training richtig vorgehen. Sie bekommen für relativ wenig Anstrengung viel Lob. Das motiviert und führt dazu, dass Lernen positiv verankert wird.

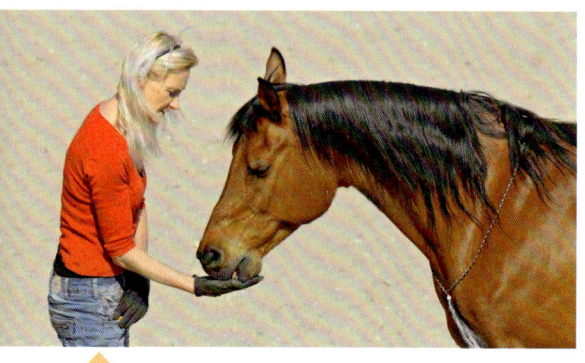

Loben

Lob ist die wichtigste Rückmeldung, die Sie Ihrem Pferd geben können. Das kann ein freundlich gesprochenes „Braav!" sein, ein feines Streicheln am Hals oder ein Futterlob. Zu Beginn bewährt es sich oft, bereits kleine Erfolge mit Leckerli zu belohnen, später loben Sie öfter verbal und geben nur noch hin und wieder ein Leckerli. Gönnen Sie dem Pferd nach dem Loben eine kurze Denkpause, um das Gelernte zu verarbeiten. Das Lob ist so entscheidend in der Ausbildung, dass ich Sie immer wieder daran erinnern werde.

Ignoranz

Verhält sich Ihr Pferd nicht wie gewünscht, macht es vielleicht Dinge, die Sie gar nicht wollen, ignorieren Sie das am besten. Vielleicht versteht es Sie nicht richtig und ist unsicher. Bleiben Sie geduldig. Mit Ruhe und Lob kommen Sie Schritt für Schritt dennoch schneller zum Ziel als mit Strafen.

In aller Ruhe

Pferde lernen wie wir Menschen unter
Stress nur schlecht. Wenn Sie bemerken,
dass Ihr Pferd hektisch wird, prüfen Sie
zunächst Ihren eigenen Gemütszustand.
Sind Sie selbst ruhig und entspannt oder
haben Sie vielleicht allen Tagesärger mit
zum Pferd genommen?
Manche Pferde werden auch aufgeregt,
wenn sie nicht verstehen, was sie tun
sollen. Gehen Sie dann in den Lernschrit-
ten zurück, bis Ihr Pferd die Aufgabe, die
Sie ihm stellen, lösen kann. Beenden Sie
das Training für diesen Tag und knüpfen
Sie später auf dem Level, der bewältigt
wurde, wieder an.

Rechtzeitig aufhören

Oft arbeiten die Pferde bei der Zirkusarbeit
sehr konzentriert mit und freuen sich
über die Anerkennung. Überfordern Sie
Ihr Pferd aber trotz aller Begeisterung
nicht. Beenden Sie das Training in einem
guten Moment. Das steigert die Motivation,
wieder daran anzuknüpfen.

Material und Zubehör

Welches Material brauchen Sie für die Übungen in diesem Buch?
Es kommt darauf an, was Sie mit Ihrem Pferd üben wollen! Man kann sich mit sehr einfachen Mitteln behelfen, die man im Stall oder zu Hause hat.

Ungemein nützlich sind Stangen und Pylonen, ein vielleicht selbst gebautes Podest, Tonnen, Bälle ... Wenn Sie Spaß an Vorführungen haben, können Sie mit Farben, Stoffen, Kostümen und anderem Zubehör Ihre Show aufpeppen.

Basisequipment

Halfter und Führstrick gehören zur Basisausrüstung. Ich arbeite meistens mit einem Knotenhalfter. Ideal ist ein drei oder vier Meter langes Seil, am besten mit einem Karabiner. Ein Panikhaken ist bei diesen Übungen weniger geeignet, da er sich ungewollt öffnen könnte. Gerte oder Stick helfen, wenn Sie aus der Entfernung Ihrem Pferd ein Signal geben wollen. Für einzelne Übungen habe ich eine Beinlonge verwendet.

Sicherheit

Egal ob Sie mit Ihrem Pferd am Boden oder vom Sattel aus arbeiten: Denken Sie immer an Ihre Sicherheit und an die Sicherheit Ihres Pferdes!
Üben Sie immer auf einem eingezäunten Platz. Ziehen Sie auf jeden Fall, egal ob beim Reiten oder bei der Arbeit am Boden, Handschuhe und stabile Schuhe an. Und tragen Sie einen Helm, wenn Sie aufs Pferd steigen.

Zirkusreif

Bunte Farben machen immer gute Laune!
Besorgen Sie sich Luftballons in verschiedenen Farben, Poolnudeln aus Schaumstoff
(gibt es günstig in Supermärkten), stabile
Ständer, eine nicht zu leichte Plane und vielleicht sogar ein Podest.

Stangen und Tonnen lassen sich mit einem
neuen Anstrich schnell und kostengünstig
auffrischen. Sie müssen allerdings damit
rechnen, dass Ihre Pferde die ungewohnt
bunten Gegenstände zunächst kritisch
betrachten.

Pylonen sind ein fast unentbehrliches Zubehör mit vielfältigen Einsatzmöglichkeiten.
Sie sind für wenig Geld in Baumärkten und
Reitsportgeschäften zu bekommen.

Auch mit Bällen in unterschiedlichen Größen lässt sich so einiges machen. Seien Sie
kreativ!

Leckerli

Vergessen Sie nie, Ihr Pferd zu loben. Es
wird motiviert mitarbeiten, wenn Sie es
mit Möhren, Äpfeln und Leckerchen verwöhnen. Ich verwende meistens eher kleine
Leckerchen, die das Pferd schnell gekaut
hat, damit wir zügig weiterüben können.
Beim Kompliment hat sich eine Möhre bewährt, da sie sich bei dieser Übung besser
handhaben lässt als ein kleines Leckerli.

Aufwärmprogramm

Erfolgreiche Artisten wärmen sich auf! Ehe Sie sich also mit Ihrem Pferd an zirzensische Übungen wagen, sollten Sie ihm ein kleines Aufwärmprogramm gönnen. Lassen Sie es einige Runden frei laufen oder longieren Sie nach Möglichkeit kurz auf jeder Seite, damit die Muskulatur warm und locker wird. Dann beginnen Sie vorsichtig mit dem Dehnen und Biegen.

Kopf wenden

Stellen Sie sich seitlich an den Hals Ihres Pferdes, eine Hand liegt am Genick, die andere über der Nase. Versuchen Sie mit möglichst wenig Druck, den Pferdekopf zu Ihnen zu biegen. Kurz halten, langsam loslassen und loben. Nach einer kurzen Pause üben Sie das Kopfwenden von der anderen Seite. Wiederholen Sie die Übung auf jeder Seite drei bis vier Mal.

Bei manchen Pferden geht diese Übung leicht, andere sträuben sich gegen die Kopfbewegung. Meist gelingt es auf einer Seite besser. Auf dieser „Schokoladenseite" wird sich Ihr Pferd vermutlich auch beim Reiten besser biegen lassen.
Üben Sie in kleinen Schritten. Beginnen und enden Sie immer auf der Seite, die dem Pferd leichter fällt.

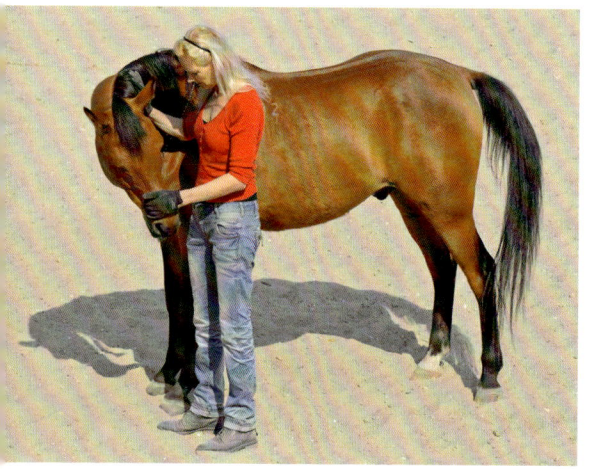

WUSSTEN SIE?

▸ Bleiben Sie gelassen, auch wenn die Übungen nicht auf Anhieb gelingen. Ihr Pferd muss erst lernen, was Sie von ihm wollen. Wenn Sie das Biegen und Dehnen regelmäßig durchführen, wird Ihr Pferd den Kopf immer weiter nach hinten nehmen. Bei dieser Übung merken Sie auch sehr schnell, ob Ihr Pferd Verspannungen hat.

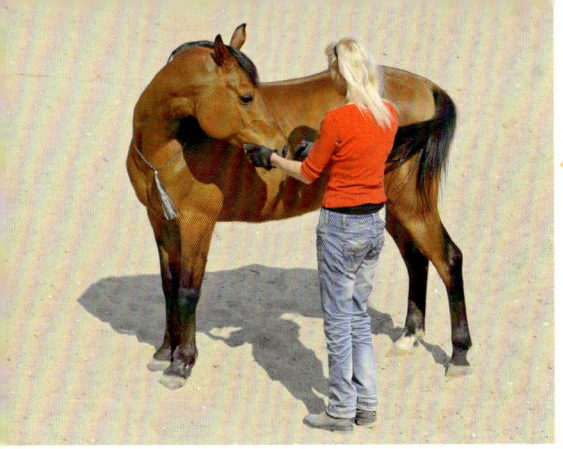

Für Fortgeschrittene

Stellen Sie sich in Gurthöhe neben das Pferd. Eine Hand liegt auf dem Widerrist, die andere nimmt wieder vorsichtig die Nase des Pferdes herüber. Bei willigen Pferden können Sie sogar noch weiter Richtung Kruppe gehen. Locken Sie Ihr Pferd mit einer Möhre oder einem Apfel. Mit der Zeit können Sie Ihre Position immer weiter nach hinten verlagern.

◄ Von Kopf bis Schweif

Sie stehen auf Bauchhöhe neben dem Pferd und bewegen langsam die Pferdenase zu sich herüber. Mit der anderen Hand fassen Sie das Schweifende. Führen Sie Pferdenase und Schweif vorsichtig vor Ihrem eigenen Bauch zusammen. Halten Sie diese Position kurz. Dann lassen Sie langsam los.

Diese Übung bewirkt, dass sich Ihr Pferd über den Rücken bis zum Schweifansatz hin biegt. Halten Sie zum Pferdebauch ca. einen halben bis einen Meter Abstand. Je weiter Sie vom Pferd wegstehen, desto mehr muss es sich biegen.

Geben Sie nicht auf, wenn die Übung nicht auf Anhieb funktioniert. Meist dreht das Pferd den Kopf weg. Nehmen Sie immer wieder die Pferdenase herum und biegen Sie langsam und geduldig.

Dehnen und Lockern

Kennen Sie das? Viele Reiter nehmen nach dem Satteln das Vorderbein des Pferdes hoch und halten es einen Moment. So sollen eventuelle Hautfalten unter dem Sattelgurt beseitigt werden. Genau nach diesem Prinzip lockert man die Vorhand und die Schulter des Pferdes.

Auch die Hinterhand wird vor dem eigentlichen Übungsprogramm ein wenig gedehnt, um Verletzungen zu vermeiden.

Die Vorhand dehnen

Sie stehen vor dem Pferd, nehmen das rechte Vorderbein locker in die Hand, heben es etwas hoch und strecken es nach vorn. Halten Sie es einen Moment und setzen Sie es dann vorsichtig ab. Loben Sie Ihr Pferd, besonders wenn es still gestanden hat.

Dann nehmen Sie das linke Vorderbein und gehen nach dem gleichen Prinzip vor. Anheben, leicht nach vorn ziehen, halten und absetzen. Üben Sie auf jeder Seite drei bis vier Mal. Achten Sie darauf, dass Ihr Pferd den Kopf nicht hochnimmt oder den Rücken wegdrückt. Shir Khan kennt diese Übung und bleibt dabei ganz entspannt.

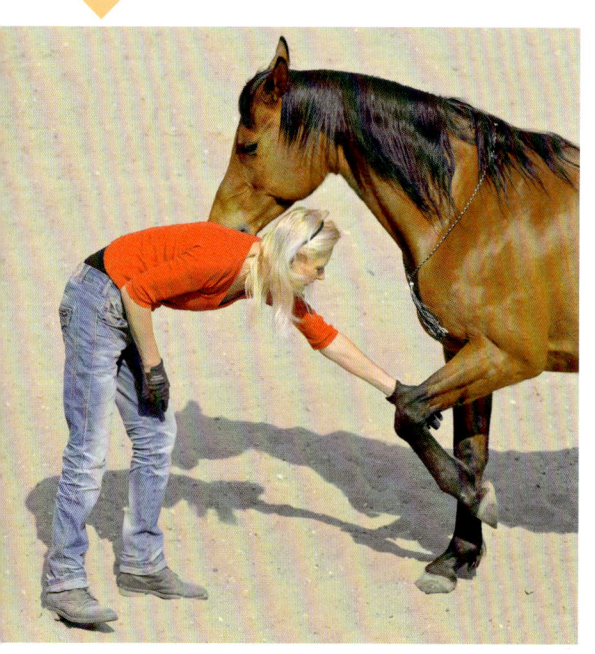

Dehnen mit dem Seil

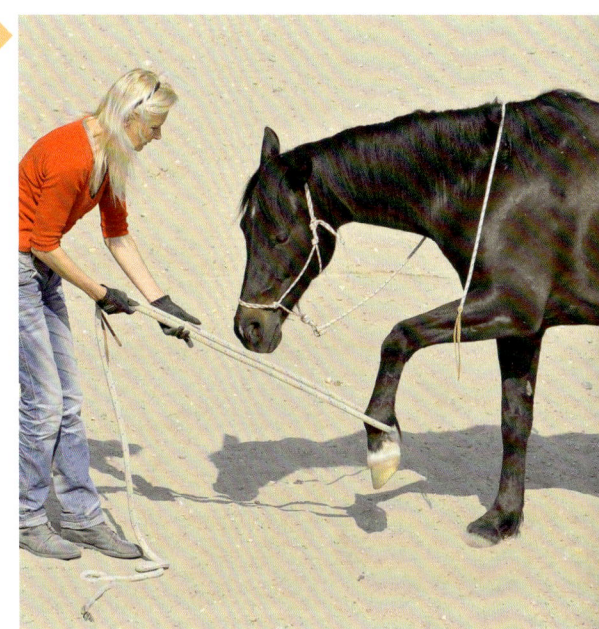

Anfangs können Sie die Vorhand mithilfe eines Seils dehnen. Probieren Sie zunächst, ob Ihr Pferd ein Seil am Bein zulässt. Klappt dies ohne Probleme, legen Sie das Seil vorsichtig um das Fesselgelenk. Dann heben Sie das Seil leicht an, bis das Bein etwas nach oben gestreckt ist. Kurz halten und wieder absetzen, loben! Es reicht völlig aus, wenn Sie den Huf ca. 50 Zentimeter hochnehmen.

Dies ist eine gute Vorübung, um später den Spanischen Schritt einzustudieren. Auch bei der Arbeit mit der Beinlonge hilft es, wenn das Pferd mit dem Seil vertraut ist.

Die Hinterhand dehnen

Auch die Hinterhand können Sie mit dem Seil dehnen. Testen Sie hier bitte besonders vorsichtig, wie Ihr Pferd reagiert. Viele Pferde erschrecken, treten oder springen weg. Gleiten Sie langsam mit der Hand über Kruppe und Hinterbein hinunter zum Huf (wie beim Hufeauskratzen). Legen Sie das Seil vorsichtig um das Fesselgelenk und bewegen sie es ein wenig hin und her. Erst wenn Ihr Pferd dies problemlos zulässt, heben Sie das Bein langsam an.

Bitte beachten Sie: Die Hinterhand darf nicht so hoch genommen werden wie die Vorhand.

Im Stangenparcours

Slalom um Stangen lässt sich wunderbar in das Aufwärmprogramm einbauen. Sie können Ihr Pferd natürlich einfach um die Stangen führen. So richtig interessant wird die Übung aber erst mit ein paar kleinen Überraschungen: Binden Sie doch einmal Luftballons an die Stangen! Wenn Sie keine stabilen Stangen haben, können Sie auch um Pylonen, Eimer oder Ähnliches Slalom gehen.

Gemeinsam

Gehen Sie mit Ihrem Pferd um die Stangen herum und testen Sie, ob es sich vor den Luftballons erschrickt. Es kann durchaus sein, dass Ihr Pferd zur Seite springt, wenn sich die Luftballons bewegen. Seien Sie darauf gefasst und tragen Sie Handschuhe und stabile Schuhe, wie immer bei der Bodenarbeit!

Schicken

Wenn Sie mehrmals mit Ihrem Pferd im Slalom durch die Stangen gegangen sind und sicher sind, dass Ihr Pferd keine Angst hat, erhöhen Sie die Schwierigkeit. Nun gehen Sie nicht mehr gemeinsam, sondern Sie lassen nur Ihr Pferd um die Stangen gehen. Sie bleiben auf einer Seite und schicken es lediglich auf den richtigen Weg. Halten Sie das Seilende in der linken Hand. Heben Sie die rechte Hand und zeigen Sie mit dem Seil deutlich in die Richtung, in die das Pferd gehen soll.

Auf Abstand

Gehen Sie links an der Stange vorbei, Ihr Pferd dagegen rechts. Lassen Sie den Arm so lange ausgestreckt, wie das Pferd den Abstand zu Ihnen wahren soll.
Achten Sie auf Ihre korrekte Körperposition, um Ihr Pferd auf Abstand zu halten. Dulden Sie nicht, dass es zu Ihnen herdrängelt.

Schlangenlinie

Holen Sie das Pferd mit einer einladenden Bewegung wieder auf Ihre Seite. Treten Sie ein wenig nach links, damit es Platz hat, Ihnen zu folgen. Wenn Sie sehr gut mit Ihrem Pferd arbeiten, wird diese Übung im Lauf der Zeit auch ohne Halfter und Strick funktionieren. Sie zeigen nur noch, wohin Ihr Pferd gehen soll.

Slalom mit Reiter

Nutzen Sie diese Übung auch beim Reiten. Zuerst reiten Sie in etwas weiteren Bögen um die Stangen. Achten Sie darauf, dass Ihr Pferd korrekt gebogen ist. Allmählich können Sie, abhängig von den Fähigkeiten Ihres Pferdes, die Bögen immer enger reiten.
Wenn Ihr Pferd gut auf Bein- und Gewichtshilfen reagiert, probieren Sie die Übung mit durchhängendem Zügel aus. Haben Sie mehr Routine, können Sie die Stangen im Trab umrunden.

Schwungvoller Auftritt

Kleine Sprünge lockern Pferd und Reiter ungemein. Haben Sie das Führtraining bereits gut geübt und folgt Ihnen Ihr Pferd problemlos auch ohne Halfter und Strick, dann versuchen Sie doch einmal das freie Springen (bitte auf einem eingezäunten Platz). Manche Pferde haben dazu keine Lust, andere machen geradezu begeistert mit. Klappt es, ist Ihnen ein rasanter Auftritt sicher!

Hier lang

Beginnen Sie das Training auf dem Platz, im Schritt und im Trab. Bauen Sie einen kleinen Sprung auf, am besten neben der Bande oder Umzäunung des Platzes. Üben Sie zunächst mit Halfter und einem langen Seil. Folgt Ihr Pferd Ihnen konzentriert, steuern Sie auf das Hindernis zu: Sie gehen daran vorbei, Ihr Pferd soll über das Hindernis springen. Shir Khan ist geübt und folgt mir von Anfang an ohne Halfter.

Freisprung

Wenn Sie das mit Halfter und Seil einige
Male probiert haben und Ihr Pferd schon
verstanden hat, dass es neben Ihnen springen soll, dann testen Sie, ob es auch ohne
Halfter und Strick funktioniert.

Mit Power

Ohne Halfter kann es sein, dass Ihr Pferd
plötzlich um das Hindernis herumläuft
oder kurz davor stehen bleibt. In diesem
Fall nehmen Sie den Strick in eine Hand,
um Ihr Pferd kurz vor dem Hindernis
anzutreiben. Geben Sie Ihr Stimmkommando, es soll auffordernd und anspornend
klingen.

Hat Ihr Pferd Spaß am Freispringen, wird
ein Antreiben bald nicht mehr nötig sein
und Sie können den Strick zur Seite legen.
Anstatt über Hindernisstangen können Sie
zur Abwechslung auch über eine umgelegte
Tonne oder über Strohballen springen.

Loben nicht vergessen

Vergessen Sie das Loben nicht, auch wenn
Sie vielleicht ein wenig aus der Puste gera-
ten sind. Es gibt Ihrem Pferd die Rückmeldung, dass es alles gut gemacht hat.
So behält es seinen Spaß an dieser Übung
und macht gerne mit.

Die Nerven stählen

Körperlich ist Ihr Pferd nun gelöst und fit für die Zirkusarbeit. Wichtig ist aber auch ein stabiles Nervenkostüm. Bauen Sie ein wenig Schrecktraining in Ihr Aufwärmprogramm ein. War Ihr Pferd bei den Luftballons eher gelassen? Dann ist vielleicht die Arbeit mit der Plane eine echte Herausforderung. Viele Pferde haben anfangs Probleme, über einen farbigen Boden zu gehen, der auch noch Geräusche macht. Hier kommt es wieder auf Ihre Geduld und Ruhe an.

Ruhig beginnen

Breiten Sie die Plane am Boden aus und beschweren Sie sie z. B. mit Steinen, damit sie nicht flattert.

An einem langen Seil führen Sie Ihr Pferd zunächst in einem großen Kreis um die Plane. Ignorieren Sie es, wenn das Pferd neben Ihnen vor Aufregung prustet und schnaubt.

Bleibt es stehen, dann fordern Sie es ruhig auf, mit Ihnen zu kommen. Tun Sie so, als wäre die Plane das Selbstverständlichste der Welt. Wechseln Sie auch mal die Richtung, damit Ihr Pferd die Plane von beiden Seiten aus begutachten kann.

Wird Ihr Pferd ruhiger, verkleinern Sie allmählich den Kreis und gehen immer dichter an die Plane heran. Zum Schluss der ersten Übungsphase gehen Sie über den Rand der Plane und Ihr Pferd geht daneben. Loben Sie Ihr Pferd, wenn es so mutig ist.

WUSSTEN SIE?

▸ Rechnen Sie immer damit, dass Ihr Pferd plötzlich einen Satz zur Seite machen könnte oder nach hinten wegstürmt. Das kann auch passieren, wenn Sie denken, es hat keine Angst mehr. Üben Sie unbedingt auf einem eingezäunten Gelände.

Erster Kontakt

Ist Ihr Pferd mutiger, lassen Sie es an der Plane riechen. Vielleicht legen Sie ein paar Möhrenstücke oder Leckerli auf den Rand der Plane. Das reicht oft schon, damit Ihr Pferd die Plane berührt. Vielleicht springt es plötzlich zurück; seien Sie vorsichtig!

Mutig voran

Das nächste Ziel ist, dass Ihr Pferd freiwillig einen Huf auf die Plane setzt. Wenn der kleine Trick mit den Möhren funktioniert hat, legen Sie die nächsten Möhrenstücke etwas weiter auf die Plane. So bekommen Sie Ihr Pferd dazu, die Plane zu betreten. Achtung: Schon beim ersten Schritt könnte sich Ihr Pferd über das Geräusch der Plane erschrecken und davonstürmen! Behalten Sie es im Auge – notfalls lassen Sie es los; halten Sie es bitte nie mit Gewalt fest.

Geschafft

Haben Sie es geschafft, dass Ihr Pferd mit allen vier Hufen auf der Plane steht, loben Sie es ausgiebig. Jetzt wird es recht schnell klappen, dass Sie mit Ihrem Pferd zusammen über die Plane gehen können.
Zeigt Ihr Pferd wieder Angst, gehen Sie einen Schritt zurück und umkreisen die Plane erneut, ohne sie zu betreten.

Zirkuslektionen

Nach dem Warm-up brennen Sie sicher darauf, mit der eigentlichen Arbeit zu beginnen. Starten wir also mit den Zirkuslektionen. Manche sprechen auch von zirzensischen Übungen.

Mir persönlich liegt der Begriff Freiheitsdressur mehr. Da sich das Wort aber inzwischen in Reiterkreisen etabliert hat, werde ich auch weiterhin von Zirkuslektionen sprechen.

Hilfengebung

Ich versuche bei allen Lektionen, Ihnen möglichst genaue Anleitungen zu geben. Doch jedes Pferd reagiert anders. Das eine braucht sehr deutliche Signale, dem anderen genügt ein kleines Zeichen. Manche Pferde reagieren sehr gut auf Stimme, andere gar nicht. Aber gerade das Erlernen von Zirkuslektionen hilft Ihnen zu erkennen, ob Ihr Pferd eher sensibel ist oder ein wenig mehr Hilfestellung braucht.

Körpersprache

Die Schwierigkeit beim Erlernen jeglicher Lektionen besteht eigentlich nur darin, dass das Pferd unsere Körpersprache verstehen muss. Vor allem anhand der Körperhaltung und zusätzlicher Hand- oder Gertenzeichen erkennt es, was es tun soll. Daher ist es wichtig, dass Sie konsequent dieselben Signale verwenden. Mit der Zeit können Sie die Zeichen dann immer unmerklicher geben.

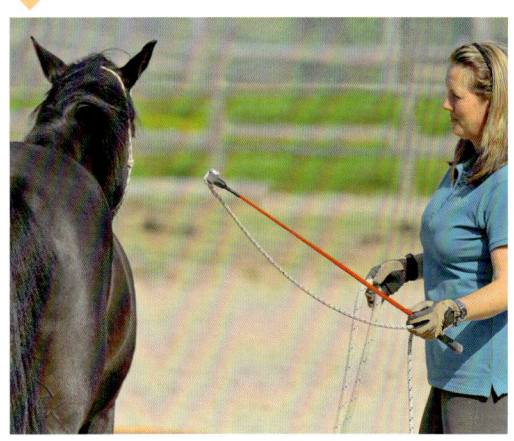

Kommandos

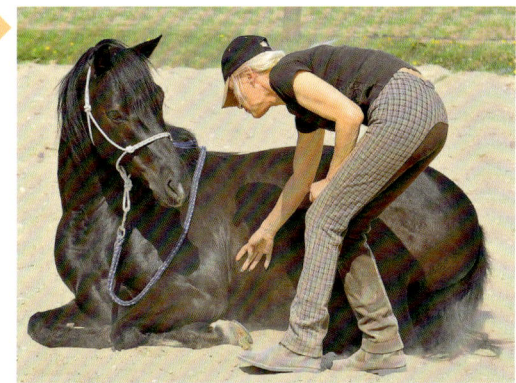

Ich verwende für jede Übung auch ein verbales Kommando. Bei fortgeschrittenen Pferden genügt häufig dieses Stimmkommando, damit das Pferd die gewünschte Lektion ausführt. Kommandos und Körpersprache müssen so deutlich sein, dass es für das Pferd einfach ist, die unterschiedlichen Übungen voneinander zu trennen.

Übereifer

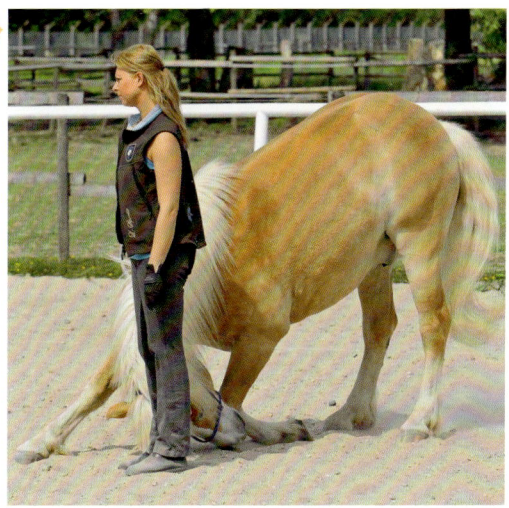

Manche Pferde beginnen voller Eifer, gelernte Lektionen zu zeigen, ohne dass sie dazu aufgefordert wurden. Ist die Lektion neu und Sie freuen sich, dass Ihr Pferd diese von sich anbietet, können Sie natürlich loben und direkt zum Üben dieser Lektion weitergehen. Eigentlich sollte Ihr Pferd aber nur zeigen, was Sie abfragen. Wird Ihr Pferd also übereifrig, dann ignorieren Sie sein Verhalten. Nicht schimpfen, nicht loben, einfach nur ignorieren.

Plié

Beim Plié soll das Pferd seinen Kopf zwischen die Vorderbeine nehmen. Der Kopf soll dabei so tief wie möglich am Boden sein, die Vorderbeine müssen gestreckt bleiben.

Das Plié schließt sich gut an das Thema Aufwärmen an, da es die Vorhand und den Schulter- und Rückenbereich dehnt. Achten Sie aber bitte gut auf den korrekt gestreckten Körper Ihres Pferdes.

Ausgangsposition

In der Ausgangsposition steht das Pferd so, dass beide Vorderbeine nicht zu eng nebeneinander platziert sind. Es soll ja noch der Kopf dazwischenpassen! Die Hinterbeine stehen etwas weiter auseinander, um das Gleichgewicht zu halten, meist korrigieren die Pferde sich dort selbst. Nehmen Sie ein Leckerli und führen Sie dieses langsam vor den Vorderbeinen zum Boden. Ihr Pferd wird versuchen, dieser Bewegung zu folgen. Ist der Pferdekopf unten, dürfen Sie das Leckerli am Boden verfüttern.

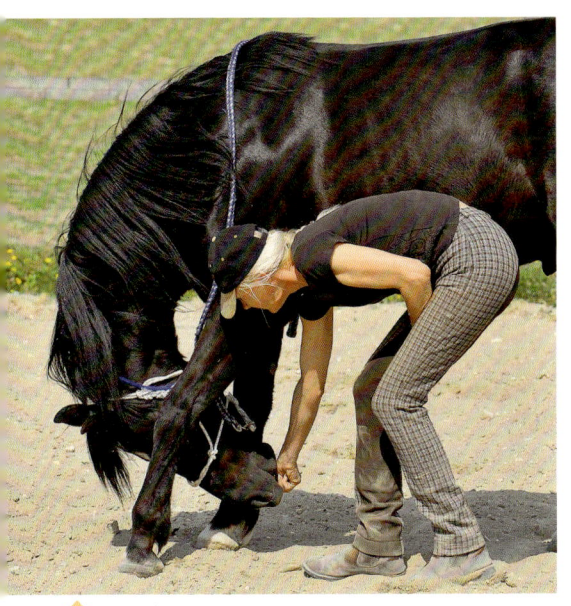

Stück für Stück

Im zweiten Schritt führen Sie das Leckerli wieder gerade vor den Vorderbeinen hinunter und wechseln dann schnell die Hand, sodass Sie das Leckerli hinter den Vorderbeinen halten. Gehen Sie mit der Hand leicht nach hinten und lassen Sie sie dabei tief am Boden. Geht der Pferdekopf mit? Achten Sie darauf, dass Ihr Pferd nicht im Gelenk einknickt. Sollte dies passieren, beenden Sie die Übung und beginnen neu. Ich gebe bei dem Wechsel sofort ein Kommando ("Plié") und tippe mein Pferd unter dem Bauch in Gurthöhe an.

Übrigens funktioniert diese Übung mit einer Karotte oft besser als mit Leckerli.

Tiefe Verbeugung

Trainieren Sie mit Ihrem Pferd immer wieder. Meist ist es den Pferden zu unbequem, die Vorderbeine gestreckt zu halten, weil es die Muskulatur dehnt, deshalb knicken sie oft den Huf ab. Um dies zu vermeiden, hören Sie kurz vorher auf. Loben Sie und beginnen Sie dann von vorn. Versuchen Sie, die Hand jedes Mal ein Stückchen weiter nach hinten zu nehmen, ohne dass Ihr Pferd abknickt. Im optimalen Fall hat Ihr Pferd die Vorderbeine gerade gestreckt und den Kopf zwischen den Beinen mit der Stirn auf oder fast auf dem Boden liegend. Diese Position soll das Pferd kurz halten, dann fordern Sie es zum Aufstehen auf.

Spanischer Schritt

Der Spanische Schritt sieht beeindruckend aus und kann von fast jedem Pferd zumindest an der Hand erlernt werden. Begabte Pferde schaffen es später auch unter dem Reiter, diese Lektion zu zeigen.

Das Pferd hebt die Vorderbeine wechselseitig beinahe bis zur Waagrechten an und geht dabei vorwärts. Voraussetzung für diese Übung ist, dass Ihr Pferd die Berührung mit Seil, Stick oder Gerte kennt.

Bein heben

Sie stehen vor dem Pferd und legen ein langes weiches Seil vorsichtig um das Fesselgelenk des Vorderbeins. Heben Sie das Bein leicht an und halten Sie es kurz in dieser Position, dann setzen Sie es langsam wieder ab. Loben! Nun nehmen Sie in eine Hand das Seil, in die andere eine Gerte. Touchieren Sie die Schulter Ihres Pferdes, geben Sie ein Kommando (z. B. „Paso") und wieder-holen Sie die Lektion auf beiden Seiten. Etwas leichter geht es, wenn Sie einen Helfer haben, der das Seil übernimmt. Es dauert nicht lange und Sie können auf das Seil verzichten. Sie stehen dann neben dem Pferd, es wird allein auf Gerte und Kommando das Bein heben. Jeder gute Versuch wird belohnt! Erst im Lauf der Zeit wird Ihr Pferd das Bein weit hochheben und strecken.

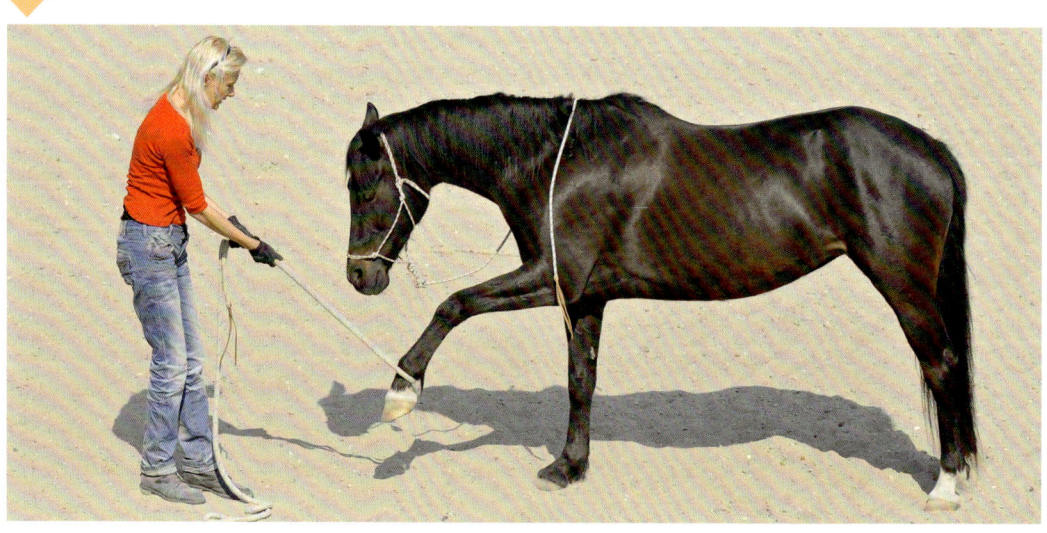

Polka

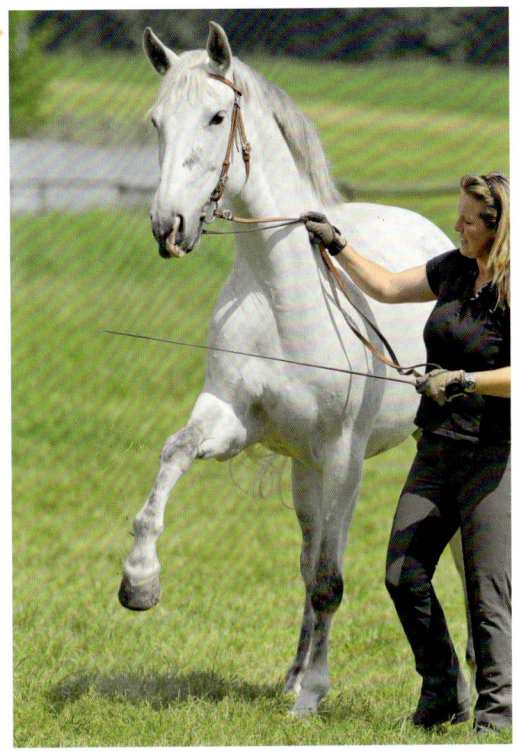

Den meisten Pferden fällt es schwer, den
Spanischen Schritt in Bewegung auszufüh-
ren. Meist bewegen sich nur die Vorderbeine, die Hinterhand bleibt quasi stehen, das
Pferd wird immer länger.

Um Bewegung in den Spanischen Schritt
zu bekommen, bedient man sich eines
Tricks: der Polka. Sie stehen mit Ihrem
Pferd auf dem Hufschlag (dadurch haben
die Pferde etwas Anlehnung an der Bande)
und tippen erst die innere Schulter an –
„Paso" –, dann lassen Sie Ihr Pferd zwei
normale Schritte gehen und tippen nun die
äußere Schulter an – „Paso", wieder zwei
Schritte gehen usw.

In diesem Dreierrhythmus treten auch die
Hinterbeine schön gleichmäßig mit.

Wechselschritte

Lassen Sie nach und nach immer öfter einen
Schritt ausfallen, bis Ihr Pferd tatsächlich
wechselseitig das Bein hochhebt und den
Spanischen Schritt zeigt. Achten Sie darauf,
dass Sie selbst aufrecht gehen und Ihre
Position an der Pferdeschulter halten.
Bitte überfordern Sie Ihr Pferd nicht. Gehen
Sie zwischendurch immer ein oder zwei
Runden ganz normal im Schritt. Beenden
Sie die Übung, ehe das Pferd müde ist und
die Schritte weniger ausdrucksvoll werden.

Spanischer Schritt mit Reiter

Ein Pferd im Spanischen Schritt unter dem Sattel ist ein sehr schönes Bild! Am einfachsten und besten gelingt der Übergang, wenn Sie mit einem Helfer üben, der die vertrauten Signale vom Boden aus gibt. Beginnen Sie auch hier mit der Polka, das fällt dem Pferd leichter. Beherrscht Ihr Pferd den Spanischen Schritt bereits sehr gut am Boden, wird es ihn mit Reiter vermutlich schnell lernen.

Richtig sitzen

Üben Sie als Reiter den Spanischen Schritt mit Ihrem Pferd zunächst im Stand. Touchieren Sie vom Sattel aus die innere Schulter und geben Sie Ihr Kommando.

Der Helfer gibt zeitgleich vom Boden aus das gewohnte Zeichen mit der Hand. Verlagern Sie Ihr Gewicht auf die jeweils andere Seite. Hebt das Pferd also das linke Bein, verlagert der Reiter das Gewicht nach rechts und umgekehrt.

Hilfengebung

Soll das Pferd das linke Bein anheben, gibt
der Reiter folgende Hilfen: Der linke Schen-
kel löst sich etwas vom Pferdebauch, die
linke Zügelhand wird leicht angehoben.
Achten Sie darauf, dass das Pferd im Hals
gerade bleibt, und denken Sie an das Nach-
geben des Zügels.

Üben Sie zunächst nur das Anheben des
Beins im Stand, nicht gleich die ganze
Bewegungsabfolge. Wechseln Sie aber
bereits regelmäßig die Seite. Vergessen Sie
das Loben nicht.

Fließend vorwärts

Klappt im Stehen alles gut, gehen Sie auch
beim Reiten zur Polka über. Achten Sie
darauf, dass Sie Ihre Hilfen nicht ruckartig
geben. Die Gerte unterstützt die Hilfenge-
bung an der Schulter.

Bleiben Sie aufrecht im Sattel sitzen und
widerstehen Sie der Versuchung, nachzu-
schauen, wie hoch Ihr Pferd das Bein hebt,
auch wenn es schwerfällt.

Unterschätzen Sie bei aller Freude an dieser Übung nicht, welchen Kraftaufwand
sie für Ihr Pferd bedeutet. Hören Sie auf,
ehe das Pferd müde, unwillig und lustlos
wird. Eine lange Seite der Reitbahn genügt
völlig. Mit zunehmendem Training wird
das Pferd auch mehr Tritte zeigen können.

Vorübungen zum Kompliment

Die Beinlonge hat bei vielen Pferdehaltern einen schlechten Ruf, weil sie glauben, dass damit eine Zwangshaltung herbeigeführt wird. Aber: Binden Sie Ihr Pferd nicht auch an, während Sie es putzen? Ist das keine Zwangshaltung?

Sie sehen: Es ist Ansichts- und Auslegungssache. Nutzen Sie die Beinlonge als Unterstützung und als Ausbildungsinstrument. Allerdings sollten Sie sich den korrekten Umgang unbedingt von einem qualifizierten Trainer zeigen lassen.

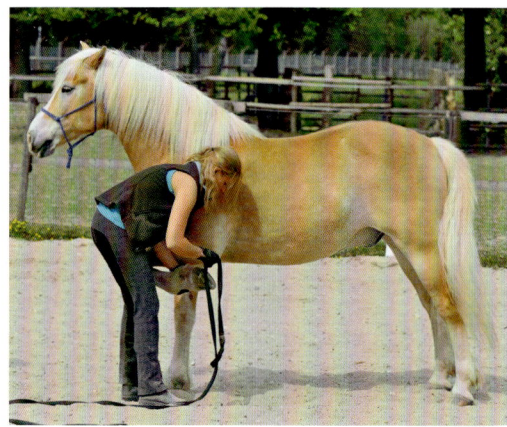

Gewöhnung

Zu Beginn sollten Sie eine Hilfsperson dabeihaben, die das Pferd am Halfter hält und eine Belohnung gibt, wenn das Pferd die Beinlonge willig akzeptiert.

Die Beinlonge besteht aus einem weichen Seil, das an beiden Enden eine Schlaufe besitzt. Zeigen Sie Ihrem Pferd die Beinlonge, berühren Sie es damit vorsichtig am Bein. Zeigt es keine Angst, legen Sie das Seil langsam um das Fesselgelenk des Vorderbeins und ziehen Sie das restliche Seil durch eine Schlaufe. Stehen Sie dabei wie beim Hufeauskratzen neben dem Pferd mit dem Rücken zum Pferdekopf. Danach stellen Sie sich direkt hinter die Schulter des Pferdes in Gurthöhe und schauen zum Pferdekopf. Achten Sie bitte von Anfang an darauf, die korrekten Positionen einzuhalten, das erleichtert Ihnen das weitere Training.

Führen Sie Ihr Pferd ein wenig herum, damit es sich an die Beinlonge gewöhnt.

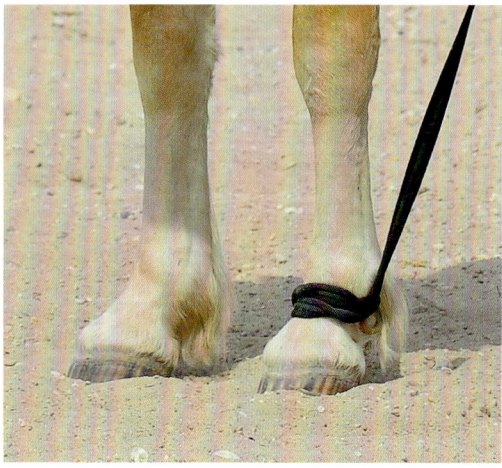

Korrektes Anlegen

Legen Sie das restliche Seil einmal um den Pferdebauch, in Höhe der Gurtlage. Achten Sie darauf, dass sich das Seil nicht verdreht. Das Ende des Seils können Sie dann über den Rücken des Pferdes auf die andere Seite legen. Beobachten Sie auch hier die Reaktion Ihres Pferdes und gehen Sie mit ihm ein wenig herum.

Bitte denken Sie immer daran, Handschuhe zu tragen, gerade wenn Sie mit einem Seil oder einer Longe arbeiten. Wickeln Sie sich das Seil nie um die Hand!

Bein heben

Üben Sie nun das Aufheben des Beins mit der Longe. Stehen Sie in Bauchhöhe seitlich links neben dem Pferd. Tippen Sie mit Ihrem Fuß an das Röhrbein des Pferdes, geben Sie ein Kommando und zupfen Sie an der Beinlonge. Das Seil, das vom Huf über den Rücken geht, ist in Ihrer linken Hand. Hebt das Pferd den Huf, ziehen Sie mit der rechten Hand die Beinlonge nach, sodass das Seil fest um den Bauch des Pferdes liegt. Sollte sich Ihr Pferd unwohl fühlen oder zur Seite springen, lassen Sie die Beinlonge los. Sie lockert sich sofort. Klappt alles, hält das Pferd das Röhrbein in der Waagrechten. Loben Sie! Nach wenigen Sekunden darf das Pferd das Bein wieder absetzen.

Das Kompliment

Das Kompliment ist eine der wichtigsten Zirkuslektionen. Seien Sie aber besonders vorsichtig, da bei dieser Übung ein gewisses Verletzungsrisiko besteht. Haben Sie noch nicht so viel Erfahrung in der Zirkusarbeit, lassen Sie sich auf jeden Fall von einem guten Trainer zeigen, auf was Sie achten müssen.

Wie Sie ohne Beinlonge üben, habe ich bereits in meinem Buch „Bodenarbeit mit Pferden" beschrieben. Mit der Beinlonge erreichen Sie Ihr Ziel vermutlich schneller, sie erfordert aber eine sichere Handhabung und ein gewisses Maß an Erfahrung, die Sie sich am besten ebenfalls auf einem Kurs aneignen.

Hilfsmittel Beinlonge

Wenn Ihr Pferd die Beinlonge akzeptiert und Sie das Anheben des Beins wie beschrieben geübt haben, ist der nächste Schritt ins Kompliment gar nicht so schwer.
Legen Sie die Beinlonge wie bisher an und befestigen Sie den Halfterstrick wie einen Zügel. Stellen Sie sich wieder mit Blickrichtung zum Pferdekopf auf Gurthöhe. Diese Position unterscheidet die Lektion „Kompliment" übrigens klar vom alltäglichen „Hufeauskratzen". Auch das Stimmkommando hilft Ihrem Pferd bei der Differenzierung.
Üben Sie anfangs mit Ihrem Pferd, das Bein anzuheben und es für einige Sekunden obenzuhalten. Setzen Sie das Bein wieder ab und loben Sie Ihr Pferd. Bitte arbeiten Sie nicht mit zu viel Kraft. Probieren Sie es erneut. Bleibt Ihr Pferd ruhig, bauen Sie die Übung weiter aus.

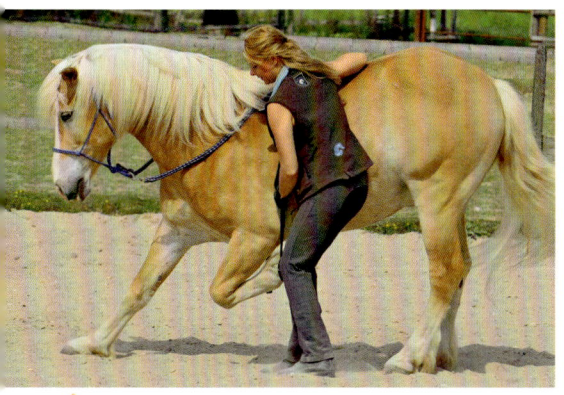

Balance

Heben Sie das Bein Ihres Pferdes wieder
an und bleiben Sie kurz so stehen, damit
es sich ausbalancieren kann. Dann greifen
Sie mit der dem Pferd zugewandten Seite
in den vorbereiteten Zügel (hier mit der
rechten Hand), in der anderen Hand halten
Sie die Beinlonge. Nun gehen Sie einen
Schritt rückwärts und ziehen leicht an Zügel
und Beinlonge nach hinten, um das Pferd
in eine Rückwärtsbewegung zu bekommen.
Setzen Sie das Bein langsam ab. Halten
Sie noch einen Moment die Beinlonge fest,
dann lassen Sie das Seil los und geben ein
Kommando zum Aufstehen.

Wiegen

Belohnen Sie am Anfang schon das leichte
Nach-hinten-Wiegen Ihres Pferdes, auch
wenn es noch nicht zum Ablegen des Beins
kommt! Probieren Sie es immer wieder in
aller Ruhe, bis Ihr Pferd sich schließlich
zutraut, das Bein abzulegen.

Nun können Sie noch daran arbeiten, dass
Ihr Pferd im Kompliment bleibt. Das wird
es ziemlich sicher tun, wenn Sie es am
Boden füttern.

Mit der Zeit wird die Beinlonge überflüssig,
und es reicht, wenn Sie Ihrem Pferd das
Stimmkommando geben und es am Röhrbein touchieren.

WUSSTEN SIE?

▸ Das Kompliment können Sie häufig bei spielenden Pferden beobachten. Es beruht
auf dem natürlichen Pferdeverhalten und wird vom Menschen nur abrufbar gemacht.

Kompliment mit Reiter

Beherrscht Ihr Pferd das Kompliment ohne Hilfsmittel, können Sie daran weiterarbeiten. Die nächste Schwierigkeitsstufe ist das Kompliment unter dem Reiter. Auch bei dieser Übung ist es gut, wenn Sie zu Beginn von einem Helfer unterstützt werden, der dem Pferd vom Boden aus die mittlerweile vertrauten Signale gibt. Üben Sie auf einem Boden, den das Pferd als angenehm empfindet.

Zu zweit üben

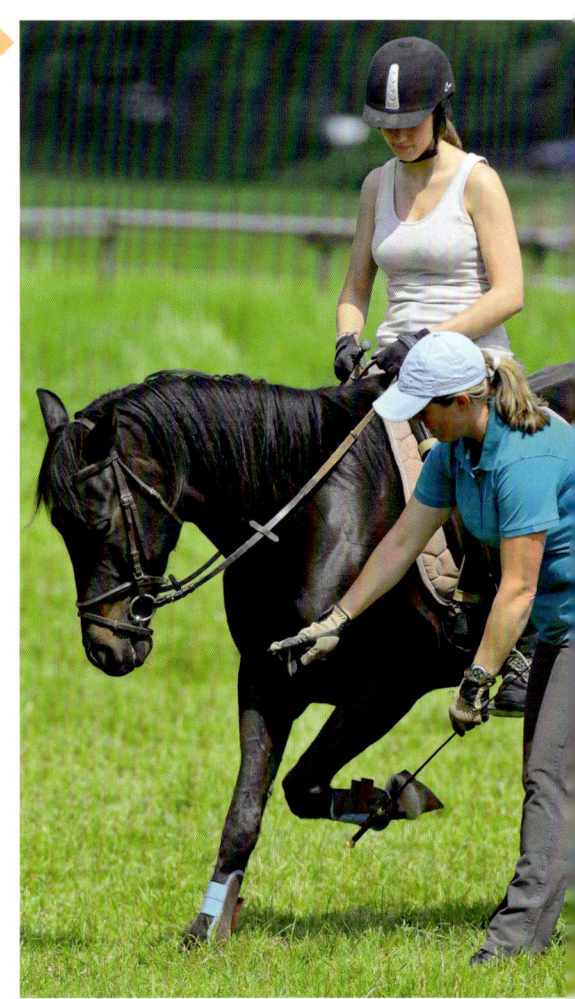

Ihr Helfer steht neben dem Pferd. Entweder tippen Sie selbst mit der Gerte das Bein fürs Kompliment an, oder Ihr Helfer übernimmt dies, damit Sie sich auf Ihr Pferd und Ihren Sitz konzentrieren können.

Beim ersten Versuch sitzt der Reiter am besten völlig passiv und lehnt sich ein wenig zurück. Nach und nach wird der Reiter mit eingebunden und der Helfer ist nur noch unterstützend dabei.

WUSSTEN SIE?

▸ Wenn Sie beim Training des Kompliments von Anfang an die Gerte zum Antippen des Beins benutzen, haben Sie es später als Reiter vom Sattel aus einfacher. Ihr Pferd kennt das Kommando und weiß, was es bedeutet.
Am besten ziehen Sie Ihrem Pferd beim Training Gamaschen oder Bandagen an, um die Beine zu schützen.

Gut gemacht!

Sobald Ihr Pferd im Kompliment ist, halten Sie oder Ihr Helfer die Gerte noch ein paar Sekunden vor dem knienden Bein, als Zeichen dafür, dass das Pferd unten bleiben soll. Ideal ist es, wenn Ihr Helfer das Pferd direkt am Boden lobt. Dann lassen Sie das Pferd mit einem deutlichen Signal wieder aufstehen und loben es erneut. Am Anfang kann es sein, dass das Pferd mit dem Reiter noch nicht lange im Kompliment bleiben kann. Steigern Sie langsam und geben Sie sich auch schon mit wenig zufrieden.

Perfekt ohne Helfer

Wenn Sie sorgsam geübt haben, ist Ihr Helfer bald überflüssig. Sie tippen mit der Gerte das Fesselgelenk Ihres Pferdes an (immer mit Stimmkommando, z. B. „Kompliment"). Gehen Sie mit der Zügelhand leicht vor und verlagern Sie Ihr Gewicht nach hinten, um Ihrem Pferd nicht auf die Schulter zu fallen. Ist Ihr Pferd im Kompliment, lassen Sie einen Moment die Gerte vor dem Bein angelegt und geben dann das Kommando fürs Aufstehen. Perfekt! Loben Sie Ihr Pferd für diese großartige Leistung!

Knien

Das Knien wird im Allgemeinen aus dem Kompliment heraus entwickelt. Auch hier gibt es die unterschiedlichsten Möglichkeiten und Lernmethoden. Ich stelle Ihnen also nur eine Variante von mehreren vor, mit der ich gute Erfahrungen gemacht habe. Dafür brauchen Sie anfangs eventuell Unterstützung.

Da das Pferd beim Hinlegen mit den Vorderbeinen einknickt, ist ihm diese Bewegung, die zum Knien führt, durchaus vertraut und meist auch angenehmer als das Kompliment.
Der Kopf sollte übrigens auf keinen Fall wie beim Plié zwischen den Beinen sein, sondern eher gerade oder zur Seite gedreht.

◀ Reflexartig

Geht Ihr Pferd auf Antippen des Beins hin selbständig ins Kompliment? Nutzen Sie dies aus! Tippen Sie in dem Moment, in dem das Pferd das Komplimentbein anwinkelt und ablegen will, mit der Gerte das andere Bein (das im Kompliment normalerweise gestreckt bleibt) an. Erwarten Sie nicht, dass Ihr Pferd auf Anhieb versteht, was Sie so überraschend von ihm wollen. Geht es weiter ins Kompliment, beginnen Sie einfach noch einmal von vorn. Sie müssen den richtigen Zeitpunkt abpassen, um das Bein auf der anderen Seite anzutippen.
Achten Sie darauf, seitlich und nicht vor dem Pferd zu stehen. Benutzen Sie ein Stimmkommando, wie z. B. „Knie". Mit etwas Glück knickt Ihr Pferd irgendwann tatsächlich mit beiden Beinen ein. Loben Sie es!

Die Übung festigen

Bei guter Vorarbeit und sensiblen Pferden funktioniert diese Methode sehr häufig. Anfangs ist es ratsam, sich einen Helfer an die andere Seite zu nehmen, der das Pferd dabei unterstützt, das Bein nach hinten zu führen.

Achtung: Ihr Pferd wird vielleicht aus dem Kompliment aufspringen, weil es noch nicht genau weiß, was Sie von ihm wollen. Bleiben Sie ruhig! Probieren Sie es erneut: Bein antippen, das Pferd geht leicht ins Kompliment, und ehe das andere Bein gestreckt wird, tippen Sie (oder Ihr Helfer) das äußere Bein an. Jeder gute Ansatz wird belohnt.

Nach zwei oder drei Versuchen beenden Sie die Übung. Gehen Sie mit Ihrem Pferd ein wenig spazieren oder lassen Sie es auf der Weide etwas entspannen, ehe Sie es noch einmal versuchen.

Signal verstanden

Geht das Pferd ins Knien, loben Sie es sofort! Warten Sie einen Moment und lassen Sie es dann mit dem gewohnten Kommando wieder aufstehen. Auch hier macht es die Routine. Probieren Sie es immer wieder. Bald weiß Ihr Pferd genau: Wird auch das zweite Bein angetippt, ist Knien gefragt!

WUSSTEN SIE?

▸ Wie bei allen Zirkuslektionen können Sie auch hier auf einen kompetenten Trainer zurückgreifen oder bei Kursen zuschauen, um sich wertvolle Tipps und Informationen zu holen. Als Zuschauer kann man die Pferde gut beobachten und auch, wie ein erfahrener Ausbilder bei den verschiedenen Charakteren vorgeht.

Liegen

Aus dem Knien erlernen die Pferde relativ leicht das Liegen. Dennoch ist diese Lektion für das Pferd nicht ganz so einfach. Natürlich ist der Bewegungsablauf als solcher nicht kompliziert. Aber nur wenige Pferde legen sich direkt und bewusst neben ihrem Reiter ab.

Das Hinlegen auf Ihre Aufforderung hin ist ein sehr großer Vertrauensbeweis für ein Fluchttier! Üben Sie, wenn Ihr Pferd entspannt ist und nicht gerade zur Fütterungszeit. Sorgen Sie für eine ruhige Umgebung, und seien Sie geduldig, wenn es nicht gleich funktioniert.

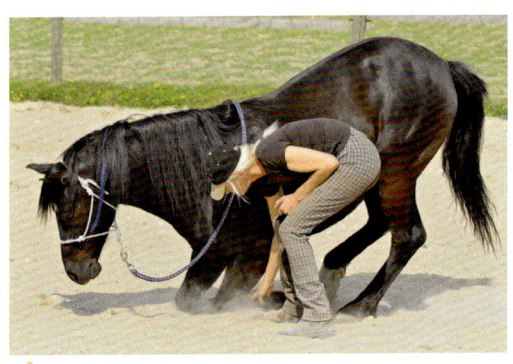

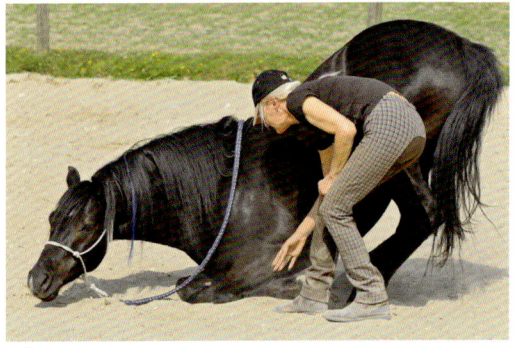

Ausgangspunkt

Lassen Sie Ihr Pferd knien. Verwenden Sie den Strick wie einen Zügel und wenden Sie den Kopf des Pferdes auf die von Ihnen abgewandte Seite. Achten Sie darauf, dass Sie seitlich im Bereich der Schulter stehen. Nehmen Sie dann den äußeren Zügel zu sich herüber, sodass Ihr Pferd den Kopf seitlich nach hinten nimmt.
Wenn Sie Glück haben, gibt Ihr Pferd der Bewegung nach und lässt sich (in Ihre Richtung!) fallen.

Platz zum Liegen

Bei einigen Pferden funktioniert das Ablegen auf Anhieb, bei anderen muss man mehr Geduld aufbringen. Lassen Sie sich Zeit. Vorsicht: Achten Sie darauf, dass Sie nicht zu nah am Pferd stehen, damit Ihr Pferd Platz genug hat, sich abzulegen! Loben Sie Ihr Pferd sofort! Vielleicht springt es gleich wieder hoch, auch dann dürfen Sie es loben. Beim Aufspringen wird das Pferd die Vorderbeine strecken, stehen Sie deshalb nie vor Ihrem Pferd!

Kurze Übungseinheiten

Üben Sie immer wieder in kurzen Einhei-
ten und bauen Sie Ihr Stimmkommando
(z. B. „Down" oder „Legen") mit ein, am
besten auch gleich ein Handzeichen.
Auf den Fotos kann man erkennen, dass
Romeo sich nur auf Handzeichen hinlegt.
Sie können auch die Gerte als Zeichen mit
einbauen, sodass Sie später vom Sattel aus
mit der Gerte Ihr Pferd an einer bestimmten
Stelle (z. B. am Röhrbein) antippen und es
sofort weiß, dass es sich hinlegen soll.

Liegen mit Reiter

Sobald sich das Ablegen auf Handzeichen und mit Antippen der Gerte eingeprägt hat, und Ihr Pferd auch schon etwas länger ruhig liegen bleibt, können Sie die ersten Versuche zu Pferd starten. Wie schon so oft empfehle ich Ihnen einen Helfer.

Bekommt Ihr Pferd die vertrauten Signale vom Boden aus, wird es schneller verstehen, was es tun soll. Das gibt auch Ihnen Sicherheit.
Beherrschen Pferd und Reiter das Liegen, ist es eine wunderbare Shownummer!

Füße raus

Nehmen Sie für diese Lektion Ihre Füße aus den Steigbügeln, damit Sie sofort absteigen können, wenn Ihr Pferd liegt. Achten Sie darauf, dass Sie gute Schuhe tragen, mit denen Sie nicht in den Bügeln hängen bleiben können. Die Zügel liegen locker über dem Pferdehals.
Tippen Sie oder Ihr Helfer nun mit der Gerte (wie am Boden geübt) das Röhrbein Ihres Pferdes an. Vergessen Sie das Stimmkommando nicht.

Abwärts

Ihr Pferd wird jetzt vorn leicht einknicken. Bewegen Sie den Oberkörper ein wenig nach hinten und geben Sie die Zügel frei. Nun wird Ihr Pferd über das Knien zum Liegen kommen. Bleiben Sie locker und entspannt, auch wenn sich das sehr befremdlich anfühlt.
Sobald Ihr Pferd liegt, loben Sie es und steigen zügig ab, da es möglicherweise sofort wieder aufspringt. Auch für Ihr Pferd ist es neu, sich samt Reiter hinzulegen.

Aufstehen

Im Lauf der Zeit können Sie immer länger mit Ihrem Pferd am Boden bleiben, ehe Sie den nächsten Schritt wagen: Ihr Pferd steht mit Ihnen wieder auf. Aber probieren Sie bitte nicht alles auf einmal! Nur wenn das Liegen mit Reiter gut funktioniert, können Sie die Anforderung steigern.

Wenn Ihr Pferd vom Liegen aufspringt, halten Sie sich an der Mähne fest und bleiben Sie locker im Sattel sitzen. Loben Sie Ihr Pferd, ehe Sie absteigen.

WUSSTEN SIE?

▸ Ihr Pferd muss unterscheiden zwischen Kompliment und Ablegen. Deshalb sollte das Liegen nie von der Seite geübt werden, von der Sie das Kompliment eingeübt haben. Geben Sie das Signal für das Kompliment von rechts, dann erfolgt das Antippen mit der Gerte zum Ablegen von links. So kommt Ihr Pferd auch unter dem Sattel mit den Kommandos nicht durcheinander.

Flach liegen

Ist Ihr Pferd schon sehr routiniert im Liegen? Bleibt es auch längere Zeit mit Ihnen am Boden, ohne unruhig zu werden? Dann ist es Zeit für neue Herausforderungen. „Schlafen gehen" ist ein beliebter Zirkustrick und kann (unterschiedlich variiert) der gelungene Schlusspunkt eines Auftritts sein. Oder der lustige Auftakt, wenn Sie Ihr Pferd für die Vorstellung erst „wecken" müssen.

Ausprobieren

Setzen Sie sich neben Ihr liegendes Pferd und versuchen Sie, den Kopf Ihres Pferdes langsam und vorsichtig zu sich zu nehmen und auf dem Boden abzulegen. Das ist neu und ungewohnt. Rechnen Sie damit, dass Ihr Pferd aufspringt. Achten Sie immer auf Ihre Position und zwingen Sie Ihr Pferd zu nichts. Diese Übung braucht Zeit, keinen Druck!

Unten bleiben

Bleibt Ihr Pferd mit Ihnen am Boden und legt den Kopf ab, dann streicheln Sie es am Hals und loben es! Wenn es das Futter nimmt, können Sie ihm auch ein Leckerli geben.

Es braucht wie immer Übung und Geduld. Wenn Sie Ihrem Pferd schon mit viel Vertrauen das Liegen beigebracht haben, dann wird auch diese Übung gelingen.

Vertrauensbeweis

Versucht Ihr Pferd aufzustehen, dann lassen Sie es. Möglicherweise gerät es in Panik, wenn Sie es festhalten, und bringt Sie dadurch in Gefahr. Druck ist nicht nötig und auch überhaupt nicht sinnvoll. Ein Pferd, das Stress hat, wird sich nicht hinlegen. Versuchen Sie es geduldig immer wieder. Mit der Zeit wird das Pferd sicherer, dann bleibt es auch länger liegen.

Achten Sie immer darauf, dass Sie hinter Ihrem Pferd sitzen und dass sich Ihr Pferd nicht wälzen will. Liegt Ihr Pferd ganz ruhig auf der Seite, streicheln Sie es am Hals, über Schulter und Bauch. Behalten Sie das Pferd gut im Auge! Bleibt es ruhig und entspannt liegen, dann können Sie versuchen, Ihren Kopf auf die Schulter des Pferdes zu legen. Dafür brauchen Sie sehr viel Vertrauen zum Pferd und das Pferd zu Ihnen. Wagen Sie nicht zu viel!

Sitzen

Das Sitzen lernen die Pferde am besten aus dem Liegen. Wenn es Ihnen gelingt, das Aufstehen in einzelnen Schritten zu kontrollieren, ist das Wichtigste schon geschafft. Dafür muss Ihr Pferd aber das Liegen perfekt beherrschen und auch am Boden liegen bleiben, ohne sofort wieder von allein aufzuspringen.

Bewegung abstoppen

Will Ihr Pferd aus dem Liegen aufstehen, wird es die Vorderbeine nach vorn ausstrecken. Diesen Moment passen Sie ab. Stoppen Sie Ihr Pferd mit einem Leckerchen. Oder Sie geben aktiv mit Kommando (z. B. „Sitz") das Signal zum Aufstehen und halten in der Hand ein Leckerchen. Ihr Pferd wird den Kopf heben, um an das Leckerchen zu kommen. Sobald es die Beine gestreckt hat, aber nur, wenn es am Boden bleibt, bekommt es das Leckerli, und Sie loben ausgiebig.

Höher kommen

Im nächsten Schritt soll Ihr Pferd sich mit den Vorderbeinen aufrichten. Dafür können Sie wieder mit einer Belohnung arbeiten. Ich stehe hier vor Romeo, da er die Übung sicher beherrscht. Bleiben Sie zu Anfang aber seitlich neben dem Pferd und geben Sie wieder das Stimmkommando „Sitz", kombiniert mit einem Handzeichen. Halten Sie nun Ihre Hand mit der Belohnung über den Kopf des Pferdes. Ihr Pferd muss sich weiter aufrichten, um an das Leckerchen zu kommen.

In kleinen Schritten

Belohnen Sie das Pferd, sobald es mit den Vorderbeinen etwas hochgekommen ist, gerade einen Moment, ehe es aufspringen würde.

Beim nächsten Versuch können Sie testen, ob Ihr Pferd noch ein Stückchen höher kommt. Erwarten Sie nicht, dass Ihr Pferd sofort sitzt!

Sobald Ihr Pferd Handzeichen und Kommando verstanden hat, wird das weitere

Üben einfach: Sie stellen sich seitlich neben Ihr liegendes Pferd, sagen „Sitz", geben das Handzeichen (mit der Hand, in der Sie auch das Leckerchen halten) und warten, bis Ihr Pferd sich langsam aufsetzt. Jeder gute Schritt wird anfangs belohnt. So bekommen Sie die einzelnen Phasen besser unter Kontrolle und Ihr Pferd hat nicht den Drang, sofort aufzuspringen.

Es dauert vielleicht eine Weile, bis diese Übung klappt. Aber wer hat schon ein Pferd, das auf Kommando sitzen kann?

Steigen an der Hand

Romeo hat das Steigen aus dem Spielen heraus schon als junges Pferd gelernt. Es gibt aber die unterschiedlichsten Möglichkeiten, einem Pferd das Steigen beizubringen. Ich kann in diesem Buch nicht alle Methoden beschreiben und nehme mir deshalb eine Möglichkeit heraus, die gut nachvollziehbar ist.

Als Erstes aber noch einmal der Hinweis: Nicht jedes Pferd ist für diese Lektion geeignet. Natürlich ist ein auf Kommando steigendes Pferd sehr beeindruckend. Sie sollten das Thema „Wer ist der Boss?" jedoch definitiv vorher geklärt haben. Mit sehr dominanten Pferde übe ich das Steigen erst gar nicht.

Ungewohntes Spiel

Arbeiten Sie mit einem Halfter und einem langen Seil. Nehmen Sie kein Anbindeseil, sondern ein Arbeitsseil von mindestens drei oder vier Metern Länge. Üben Sie zu Beginn auf dem Reitplatz.

Stellen Sie sich vor Ihr Pferd und versuchen Sie, es „anzuspielen", indem Sie das Seil etwas schütteln und dann plötzlich einen Schritt auf Ihr Pferd zu machen und die Arme hochreißen. Achten Sie unbedingt auf ausreichenden Abstand!

Erwarten Sie nicht, dass Ihr Pferd sofort steigt. Es wird zunächst nicht verstehen, was Sie von ihm wollen. Lassen Sie nicht nach, probieren Sie es aus einer spielerischen Situation heraus immer wieder. Kommt Ihr Pferd auf Sie zu, dann schicken Sie es auf seinen Platz zurück. Es sollte nie zu dicht bei Ihnen stehen, um Sie nicht zu verletzen.

Hoch

Anfangs kann es sein, dass Ihr Pferd nur den Kopf hochwirft. Auch das sollten Sie sofort loben.

Versuchen Sie es erneut, schütteln Sie am Seil, um Ihr Pferd aufmerksam zu machen. Machen Sie ganz plötzlich einen Schritt auf Ihr Pferd zu und reißen Sie wieder die Arme hoch. Geben Sie ein Stimmkommando dazu, z. B. „Hoch!".

Bleiben Sie spielerisch dran, bis Ihr Pferd (vielleicht auch eher zufällig) die Vorderhand etwas vom Boden nimmt. Loben Sie! Nun lernen die meisten Pferde sehr schnell, was sie tun sollen. Ihr Pferd wird nach kurzer Zeit die Vorhand immer höher nehmen. Üben Sie anfangs regelmäßig alle zwei bis drei Tage für etwa zehn Minuten und immer nach dem gleichen Schema. Vergessen Sie das Stimmkommando nicht! Jede positive Reaktion wird sofort belohnt.

Auf Sicherheit

Das richtige Hochgehen gelingt durch Ihre Körpersprache. Werden Sie selbst groß und dominant, aber beachten Sie unbedingt den Sicherheitsabstand! Daher muss das Seil ausreichend lang sein.

Romeo habe ich beigebracht, dass er in dieser Lektion erst zwei bis drei Schritte rückwärtsgehen muss, dann erst bekommt er das Kommando zum Steigen.

Erst wenn Ihr Pferd am Seil sicher und nur auf Kommando steigt, können Sie es ohne Seil probieren. Halten Sie aber auch dann unbedingt den Sicherheitsabstand ein. Trainieren Sie, dass Ihr Pferd auf Ihre Körpersprache reagiert – Arme hoch, groß machen, eventuell ein energisches Stimmkommando. Das alles ist schon eine richtig gute Vorarbeit für das Steigen mit Reiter, das ich Ihnen auf der nächsten Seite vorstellen werde.

Steigen mit Reiter

Erst wenn sich das Steigen am Boden gefestigt hat und gut auf Handzeichen und Kommando funktioniert, können Sie es mit Reiter probieren. Hierbei wird anfangs genauso geübt wie ohne Reiter, d. h., ein Helfer übernimmt die Position am Boden. Der Helfer steht vor dem Pferd, gibt das bekannte Stimmkommando zum Steigen und setzt auch die entsprechende Körperhaltung ein.

Der Reitersitz

Beim Steigen mit Reiter ist es wichtig, dass der Reiter die Zügel etwas nachgibt und gerade sitzt. Platzieren Sie beide Beine etwas weiter hinten, dann erfolgt das Kommando zum Steigen. Wir üben hier wieder mit einem Helfer am Boden.

Achten Sie darauf, dass Sie sich etwas nach vorn beugen, sobald Ihr Pferd steigt. Und erschrecken Sie nicht, wenn Ihnen der Hals des Pferdes entgegen kommt! Nehmen Sie den Kopf eventuell ein wenig zur Seite. Sobald Sie und Ihr Pferd mehr Routine haben, können Sie Ihre vorbeugende Körperhaltung etwas reduzieren.

Gut gemacht

Steigt das Pferd brav auf Kommando (und
nur dann!), wird es ausgiebig gelobt. Auf
keinen Fall dürfen Sie loben, wenn das
Pferd ohne Aufforderung dieses Zirkus-
stückchen abspult. Sie müssen vermeiden,
dass sich das Steigen verselbständigt, sonst
wird es gefährlich.

Sobald Ihr Pferd sicher mit Reiter steigt,
probieren Sie es ohne Helfer. Stellen Sie
sich mitten auf den Reitplatz und geben
Sie die bekannten Kommandos. Steigt Ihr
Pferd? Falls nicht, rufen Sie Ihren Helfer
noch einmal dazu. Meist funktioniert es
danach ohne Unterstützung.

Eindeutige Signale

Damit Romeo das Steigen unter dem Reiter
nicht mit Rückwärtsrichten in Verbindung
bringt (und dann womöglich bei jedem
Rückwärtsrichten steigen möchte, weil sich
beide Sitzpositionen sehr ähneln), habe ich
vom Sattel aus ein weiteres Zeichen für
mein Pferd eingebaut. Ich zupfe ein wenig
an einer Mähnensträhne, im gleichen Moment gebe ich das Kommando zum Steigen.
Wenn Sie und Ihr Pferd genügend Routine
haben, dann können Sie es auch ohne Sattel
probieren. Oder Sie bauen das Steigen in
eine kleine Show ein. Immerhin beherrscht
Ihr Pferd schon einige Zirkuslektionen.

Podestarbeit

Für die Podestarbeit ziehen Sie Ihrem Pferd bitte Bandagen oder Gamaschen an, um die Verletzungsgefahr zu minimieren. Achten Sie darauf, dass das Podest stabil ist und keine scharfen Kanten hat. Auch die richtige Höhe ist wichtig: Ihr Pferd darf sich nicht verletzen, wenn es unerwartet heruntertritt.

Homemade

Mit zwei Europaletten, einer gleich großen Sperrholzplatte und/oder dicken Gummimatte als Trittfläche können handwerklich Begabte ein Podest relativ einfach selbst bauen. Die beiden Paletten werden aufeinandergelegt und zusammengeschraubt, dann wird die Matte oder Sperrholzplatte darauf festgenagelt. Anstatt einer rutschfesten Gummimatte können Sie auch ein Stück Kunstrasen verwenden, dies aber nur, wenn Sie darunter eine Sperrholzplatte haben, da Kunstrasen allein nicht genügend Stabilität gibt. Achtung: Zwei Paletten als Podest sind sehr schwer und können nur von zwei Personen getragen werden.

Vertraut machen

Führen Sie Ihr Pferd an das Podest heran. Lassen Sie es daran schnuppern, stellen Sie sich auf das Podest, um Ihrem Pferd zu zeigen, dass das Holzding völlig ungefährlich ist. Bleibt Ihr Pferd ruhig neben dem Podest stehen, loben Sie es.

Stellen Sie Ihr Pferd vor das Podest und versuchen Sie nun, es vorsichtig mit einem Huf auf das Podest zu locken. Jeder kleine Versuch wird belohnt. Sollte Ihr Pferd sich weigern, einen Huf auf das Podest zu setzen, dann können Sie sich vielleicht eine zweite Person als Helfer holen. Diese kann vorsichtig das Vorderbein anheben, den Huf auf das Podest setzen und kurz festhalten.

Fortschritte

Locken Sie Ihr Pferd, bis es auch den zweiten Huf auf das Podest setzt. Loben, loben, loben! Versuchen Sie noch nicht, Ihr Pferd sofort mit allen vier Hufen auf das Podest zu bekommen, vor allem dann nicht, wenn Sie ein eher vorsichtiges und unsicheres Pferd haben.

Haben Sie ein ruhiges und motiviertes Pferd, das sich geradezu anbietet, mit allen vier Hufen aufs Podest zu klettern, dürfen Sie dies beim nächsten Versuch natürlich zulassen.

Achtung: Auch ruhige Pferde können vor Schreck vom Podest springen. Stellen Sie sich nie vor das Pferd, sondern immer leicht seitwärts.

Zurück

Lassen Sie Ihr Pferd kurz auf dem Podest stehen und führen es dann rückwärts (!) wieder vom Podest herunter. Es soll nicht über das Podest laufen. Achten Sie darauf, dass es sich nicht vertritt.

Vier Beine aufs Podest

Sobald Ihr Pferd routiniert mit den Vorderbeinen auf das Podest geht, versuchen Sie, ob es mit allen vier Beinen darauf steht. Auch hier könnte es anfangs nötig sein, dass Sie sich einen Helfer dazuholen.

Ist Ihr Pferd ruhig und gelassen, dann probieren Sie es allein aus. Denken Sie daran, dass Sie nicht genau vor Ihrem Pferd stehen, falls es doch nach vorne wegspringen will!

Locken

Locken Sie das Pferd langsam auf das Podest. Sobald Ihr Pferd mit allen vier Hufen auf dem Podest steht, loben Sie es ausgiebig und lassen es ganz entspannt eine Zeit lang stehen.
Traut sich Ihr Pferd nicht auf das Podest, kann ein Helfer es leicht von hinten mit der Gerte antippen. Aber Vorsicht: Machen Sie nicht zu viel Druck!

Vorwärts

Führen Sie diesmal Ihr Pferd nach vorn runter vom Podest. Das ist für ein Pferd deutlich einfacher, als rückwärts mit allen vier Beinen abzusteigen. Außerdem ist die Gefahr, dass es sich verletzt, viel geringer. Wichtig: Bandagieren Sie die Beine Ihres Pferdes oder legen Sie ihm Gamaschen an, um die Verletzung zu minimieren, sollte es doch einmal vom Podest abrutschen.

Drehen auf dem Podest

Bauen Sie im Lauf der Zeit Variationen ein, um Abwechslung in die Podestarbeit zu bringen. Drehen auf dem Podest ist z. B. schon ganz schön schwierig, da die Pferde meist versuchen, an der schmaleren Podestseite abzusteigen.

Üben Sie am Anfang nur, dass das Pferd sich überhaupt auf dem Podest bewegt. Manche Pferde kostet das große Überwindung. Eine halbe oder Vierteldrehung reicht zu Beginn. Lassen Sie das Pferd ruhig stehen und nachdenken, loben Sie es und üben weiter. Versucht Ihr Pferd abzusteigen, führen Sie es (vorwärts!) ganz vom Podest und beginnen noch einmal von vorn.

Achten Sie immer auf die Position der Hufe. Kommt Ihr Pferd zu nahe an den Rand des Podests, dann korrigieren Sie.

Spanischer Schritt

Wenn Ihr Pferd Spaß an der Podestarbeit hat, können Sie versuchen, ob es einen Spanischen Schritt auf dem Podest macht. Stellen Sie es mit zwei oder auch mit vier Beinen auf das Podest, zeigen Sie auf seine Schulter und geben Sie die gleichen Kommandos wie beim Paso. Oder Sie nehmen ein Vorderbein hoch, halten es einen Moment fest und stellen es dann wieder ab.

Podestarbeit mit Reiter

Viele Pferde haben großen Spaß an der Podestarbeit. Üben Sie aber nicht jeden Tag, denn dann wird es dem Pferd zu viel.

Geht Ihr Pferd problemlos mit allen vier Beinen aufs Podest, können Sie es vom Pferderücken aus versuchen.

Mit Helfer

Lassen Sie sich zur Vorsicht erst einmal führen. Das gibt Ihnen und dem Pferd anfangs mehr Sicherheit. Sobald Ihr Pferd auf dem Podest steht, wird es von Ihnen und vom Helfer gelobt.

Ihr Helfer führt Sie anschließend rückwärts herunter. Erst wenn es mit Helfer gut funktioniert und Ihr Pferd in jeder Lage ruhig bleibt, erst dann probieren Sie es allein.

Belohnung

Manche Pferde fühlen sich mit Reiter plötzlich wieder unsicher auf dem Podest. Leckerli helfen über die Startschwierigkeiten meistens sehr schnell hinweg.

WUSSTEN SIE?

▸ Viele Pferde lieben das Podest, weil sie erhöht stehen. Das bevorzugen sie auch in freier Wildbahn. Die Fluchttiere haben hier einen besseren Überblick.

Entschlossen

Versuchen Sie es nun ohne Helfer.
Nehmen Sie die lange Seite und gehen Sie
erst mit den Vorderbeinen aufs Podest.
Bleiben Sie einen Moment stehen, loben Sie
Ihr Pferd und gehen Sie rückwärts wieder
runter. Versucht Ihr Pferd auszuweichen,
können Sie das Podest vielleicht an Zaun
oder Bande positionieren oder ein Helfer
steht zunächst noch neben dem Podest.

Stolzes Paar

Schnell werden Sie und Ihr Pferd sich daran
gewöhnen, aufs Podest zu steigen. Bald wird
es auch mit vier Hufen klappen.

Tricks

Wer seinem Pferd Tricks beibringt, hat bewundernde Blicke sicher. Tricks lassen sich auch sehr schön in eine kleine Show einbauen. Ich stelle Ihnen meine Lieblingstricks vor, an denen auch meine Pferde unglaublich viel Spaß haben. Ihrem Einfallsreichtum sind keine Grenzen gesetzt. Auch hier gilt wie schon bei den Zirkuslektionen: Überlegen Sie sich genau, was Sie Ihrem Pferd beibringen wollen. Auch kleine Tricks haben manchmal Ihre Tücken...

Gehirntraining

Zirkustricks sind Gehirntraining für Ihr Pferd. Es macht Pferde tatsächlich klüger, wenn Sie neue Aufgaben lösen müssen. Gerade bei den Tricks gibt es unzählige Möglichkeiten und immer wieder neue Varianten. Gelingt es Ihnen, Ihr Pferd dafür zu begeistern, werden Sie beide profitieren.

Blickkontakt

Im Gegensatz zum Reiten können Sie Ihr Pferd bei der Bodenarbeit viel besser beobachten. Ist es verspannt und schlägt unruhig mit dem Schweif? Schaut es interessiert oder unsicher? Achten Sie auf die Mimik Ihres Pferdes: Versteht es, was Sie wollen? Hat es Spaß dabei? Nutzen Sie die Zirkusarbeit, um Ihre Beziehung zu vertiefen.

Nebenwirkungen

Ich habe Romeo beigebracht, sich die Decke abzuziehen. Viele Pferdehalter sagen nun zu mir: „Jaaaaa, aber dann zieht er sich ja jede Decke ab, das will ich nicht." Müssen Sie wirklich damit rechnen, dass Ihr Pferd nun auch die teure Regendecke auszieht und womöglich zerreißt?

Ich kann Sie beruhigen: Das müssen Sie nicht. Aber Sie sollten es richtig anfangen! Achten Sie von vornherein auf deutliche Signale und ignorieren Sie es, wenn Ihr Pferd unaufgefordert Tricks oder Lektionen zeigt. Auch der Ort, an dem Sie üben, ist entscheidend. Üben Sie nie in der Box oder in der Stallgasse, sondern suchen Sie sich einen „neutralen" Bereich.

Decke ausziehen

Um zu vermeiden, dass sich mein Pferd jede Decke auszieht, habe ich von Anfang an für diese Übung eine bestimmte, ganz gewöhnliche Decke verwendet. Und nur diese! Keine Abschwitz- oder Regendecke, sondern eine günstige, dünne Decke, z. B. aus einem Supermarkt.

Wir üben anfangs nur an einem bestimmten Platz, also nur im Roundpen oder auf dem Reitplatz etc. So kommt Ihr Pferd nicht auf die Idee, sich in der Stallgasse oder in der Box die Decke auszuziehen, weil Sie dort unter keinen Umständen diesen Trick üben oder zeigen werden!

Das Prinzip

Gehen Sie mit Ihrem Pferd, der Decke und ein paar Leckerchen (in dem Fall sind Apfelstücke recht gut) z. B. auf den Reitplatz. Nun legen Sie Ihrem Pferd die Decke locker über den Rücken, nehmen ein vorderes Ende, heben es leicht an und sagen „Halt" oder „Nimm". Ziel ist, dass Ihr Pferd den Kopf zu Ihnen dreht, den Zipfel nimmt und den Kopf wieder nach vorn dreht. Dabei zieht es automatisch die Decke vom Rücken.

Apfeltrick

Vermutlich wird Ihr Pferd erst einmal keinerlei Interesse an der Decke zeigen. Nun kommt der Apfel ins Spiel! Reiben Sie das Ende der Decke, das Ihr Pferd ins Maul nehmen soll, mit einem Apfelstück ein. Sobald Ihr Pferd an dem Deckenende knabbert, loben Sie es und geben ihm ein Leckerli. Es wird anfangs also dafür belohnt, dass es den Deckenzipfel ins Maul nimmt.

Ganz nebenbei

Nimmt das Pferd die Decke erst einmal ins
Maul, folgt das Deckeabziehen fast von
allein. Sobald Ihr Pferd das Deckenende im
Maul hält, wird es den Kopf wieder nach
vorn bewegen oder nach oben oder unten.
Wenn Sie Glück haben, lässt es die Decke
dabei im Maul und zieht sie so zunächst
eher zufällig vom Rücken. Loben Sie Ihr
Pferd sofort! Sehr schnell begreifen die
Pferde, was verlangt wird, vor allem, wenn
es etwas Leckeres gibt, sobald die Decke
vom Rücken gerutscht ist.

Wenn dieser Trick gut funktioniert, können
Sie mit Ihrem Pferd üben, dass es Ihnen
die Decke in die Hand gibt. Sobald Ihr Pferd
die Decke abzieht, halten Sie schnell Ihre
Hand hin und fangen die Decke aus seinem
Maul ab. Loben Sie wieder. Lässt das Pferd
die Decke sofort fallen, loben Sie nicht.
So erreichen Sie im Laufe der Zeit, dass Ihr
Pferd wartet, bis Sie die Decke aus seinem
Maul nehmen.

Kappe abziehen

Die Übung „Kappe abziehen" eignet sich nur für eher ruhige Pferde. Mit einem Pferd, das von sich aus schon gerne nach etwas schnappt, sollte man diesen Trick nicht üben.

Die Gefahr beim Kappeabziehen besteht darin, dass das Pferd zu grob zufasst und Sie verletzt. Überlegen Sie also bitte gut, ob Sie diese Übung in Ihr Repertoire aufnehmen möchten.

Sanft genug?

Stellen Sie sich vor Ihr Pferd und reiben Sie den Schirm der Kappe mit einem Stück Apfel (oder Ähnlichem) ein. Halten Sie die Kappe zu Beginn über Ihren Kopf, anstatt sie gleich aufzusetzen. So können Sie testen, ob Ihr Pferd vorsichtig genug nach der Kappe greift. Auch hier probieren Sie zunächst, ob Ihr Pferd die Kappe spielerisch ins Maul nimmt. Bauen Sie sofort ein Kommando ein.

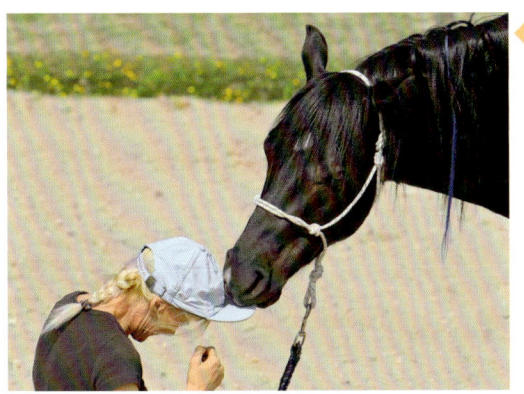

Ganz vorsichtig

Gehen Sie einen Schritt weiter: Setzen Sie sich vor Ihr Pferd, zeigen Sie mit der Hand auf den Schirm der Kappe und geben Sie Ihr Kommando.

Sehen Sie, wie vorsichtig Romeo die Kappe ins Maul nimmt? Ich senke den Kopf ein wenig, dann rutscht die Kappe fast von allein herunter.

Übergabe

Nach dem Abziehen sollte Ihr Pferd die Kappe übergeben. Lässt es die Kappe sofort fallen, wird es gelobt, bekommt aber kein Leckerli. Hält Ihr Pferd die Kappe noch etwas fest, sodass Sie ihm diese aus dem Maul nehmen können, wird es mit einem Leckerli belohnt.

Die Leckerchen lassen Sie im Lauf der Zeit immer öfter weg.

Brav!

Das Erlernen von Tricks funktioniert grundsätzlich über das Loben.

Sie müssen aber den richtigen Moment abpassen, in dem Sie Ihrem Pferd die positive Rückmeldung geben. Das darf nicht zu früh, aber auch nicht zu spät sein. Hier ist genaues Timing gefragt. Das ist Ihre persönliche Herausforderung…

Beine kreuzen

Beine kreuzen ist ein sehr unterhaltsamer Trick. Es sieht beinahe so aus, als würde Ihr Pferd sagen: „Bis hierher und keinen Schritt weiter!" Und genau so können Sie den Trick in einer kleinen Show auch präsentieren.

Locker lassen

Um Ihrem Pferd das Beinekreuzen beizubringen, stellen Sie sich in Schulterhöhe neben Ihr Pferd. Nun nehmen Sie sein Vorderbein vorsichtig in die Hand und bewegen es erst langsam etwas hin und her. So testen Sie, ob Ihr Pferd das Bein entspannt und locker bewegen lässt.

Gewicht verlagern

Leichter anheben lässt sich das Bein, wenn Sie sich ein wenig gegen die Schulter Ihres Pferdes lehnen. Dann wird es vermutlich sein Gewicht vermehrt auf das Standbein verlagern und Sie können das Ihnen zugewandte Bein leichter anheben und bewegen.

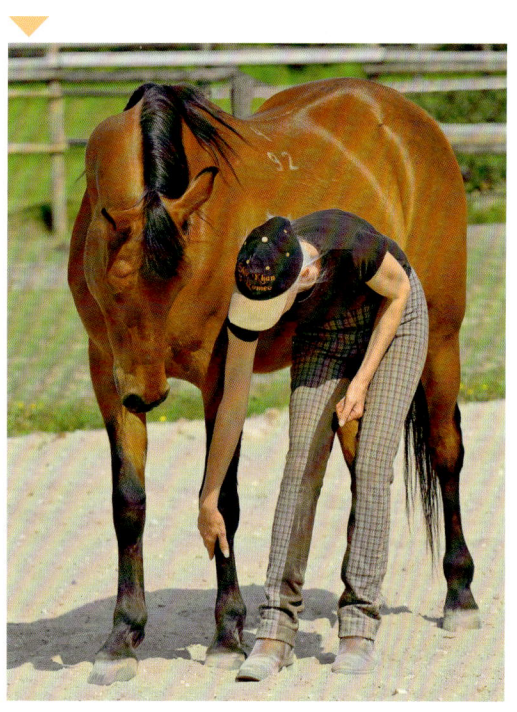

Überschlagen

Legen Sie nun das Bein leicht über das andere Bein und halten es kurz fest. Denken Sie daran, ein Kommando einzubauen, z. B. „Kreuz". Danach stellen Sie das Bein langsam wieder zurück.

Im nächsten Schritt kreuzen Sie das Bein, halten es über Kreuz und sagen z. B. „Bleib", damit Ihr Pferd lernt, das Bein dort zu halten. Nehmen Sie das Bein zurück, können Sie z. B. das Kommando „Ab" benutzen. Nach einigen Versuchen kreuzen Sie das Bein, sagen „Bleib" und nehmen Ihre Hand weg. Hält Ihr Pferd sein Bein dort – auch wenn es nur kurz ist –, loben Sie!

Nun versuchen Sie, das Bein nicht mit der Hand, sondern mit Ihrem Fuß zu kreuzen. Legen Sie eine Hand auf den Hals oder Widerrist, sagen „Kreuz" und schieben mit Ihrem Fuß das Pferdebein hinüber. Kreuzen sich die Beine Ihres Pferdes, folgt das Kommando „Bleib" und nach einigen Sekunden „Ab". Später tippen Sie kurz mit Ihrem Fuß an den Huf Ihres Pferdes und benutzen nur noch die Stimmkommandos.

Für das Beinekreuzen eignet sich nicht jedes Pferd. Es sollte eher ruhig und gelassen sein. Auch sollten Sie anfangs nur an einem bestimmten Platz üben.

Diesen Trick kann man weiter ausbauen: Üben Sie mit Ihrem Pferd, dass es synchron mit Ihnen die Beine kreuzt!

Tauziehen

Ein lustiger kleiner Trick ist das „Tauziehen". Hierfür brauchen Sie nur ein Seil – ein alter Führstrick (ohne Karabinerhaken!) reicht völlig aus. Auch diese Übung ist prädestiniert für neugierige Pferde, die gern alles ins Maul nehmen.

Fangen Sie mit einem kurzen Strick an, später können Sie dann auch ein längeres Seil benutzen.
Dieses Mal muss das Pferd lernen, etwas festzuhalten und nicht mehr loszulassen. Und das bedeutet: üben, üben, üben!

Anbieten

Nehmen Sie ein Ende des Stricks und reiben es wieder mit Apfel (es kann auch Banane sein etc.) ein, um das Seilende „schmackhaft" zu machen. Halten Sie nun dieses Ende Ihrem Pferd entgegen. Sobald Ihr Pferd das Ende des Stricks ins Maul nimmt, loben Sie ausgiebig. Das üben Sie so lange, bis Ihr Pferd das Seil sofort ins Maul nimmt, wenn Sie es ihm entgegenhalten.

Halten

Als Nächstes probieren Sie aus, ob Ihr Pferd das Seil etwas länger im Maul behält. Das ist Übungssache und funktioniert natürlich nicht auf Anhieb, sondern entwickelt sich im Lauf der Zeit. Seien Sie nicht ungeduldig!
Benutzen Sie am Anfang immer dasselbe Seil. Es sollte robust sein, damit Ihr Pferd keine Stücke herausbeißen kann und es bei den ersten Zugversuchen nicht reißt.

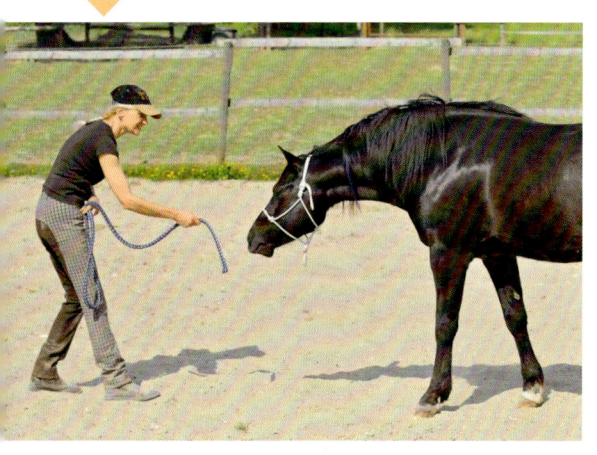

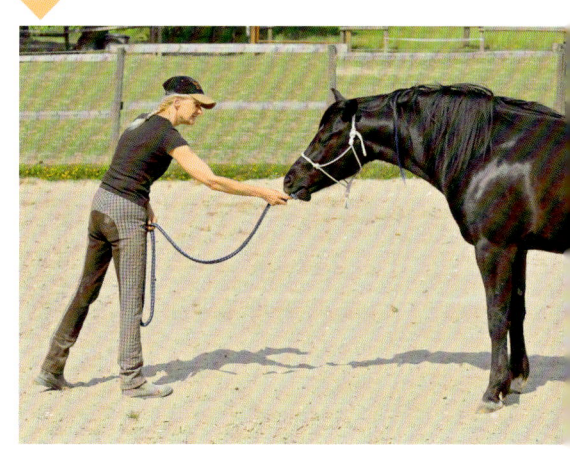

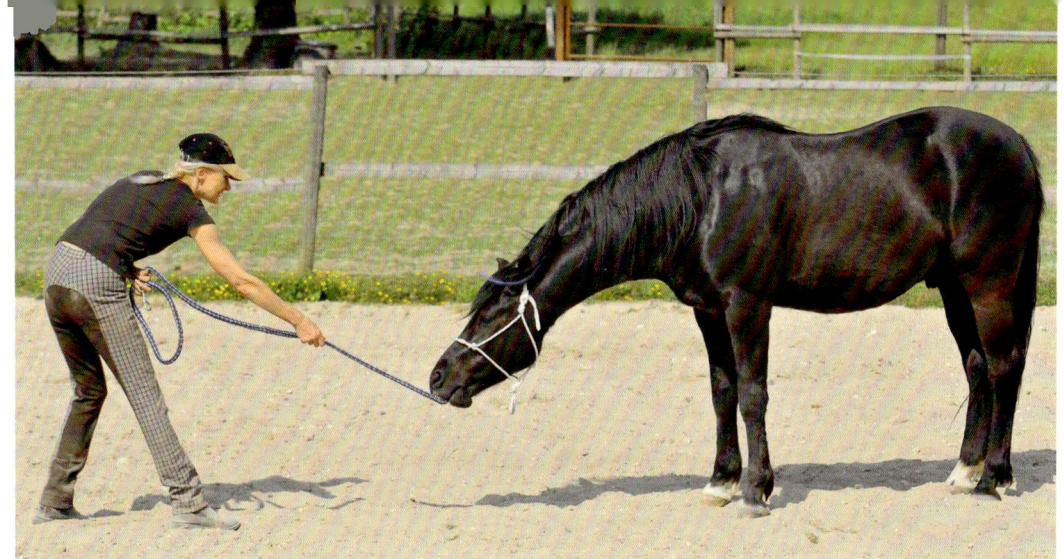

Ziehen

Versuchen Sie dann, leicht am Seil zu ziehen – nicht ruckartig, sondern nur mit leichtem Zug. Loben Sie Ihr Pferd, wenn es das Seil hält. Lässt es das Seil los, loben Sie nicht und beginnen von vorn. Es dauert sicher eine Zeit, bis Ihr Pferd begreift, dass es nicht loslassen soll.

Wettstreit

Nun (und erst jetzt!) können Sie wirklich am Seil ziehen wie beim Tauziehen. Nicht ruckartig, sondern langsam, aber konstant, bis Sie Ihr ganzes Gewicht an das Seil hängen können. Aber Achtung: Ihr Pferd lässt sicher ganz plötzlich los! Üben Sie daher nur auf weichem Untergrund. Ich bin beim Training so manches Mal auf meinem Po gelandet.

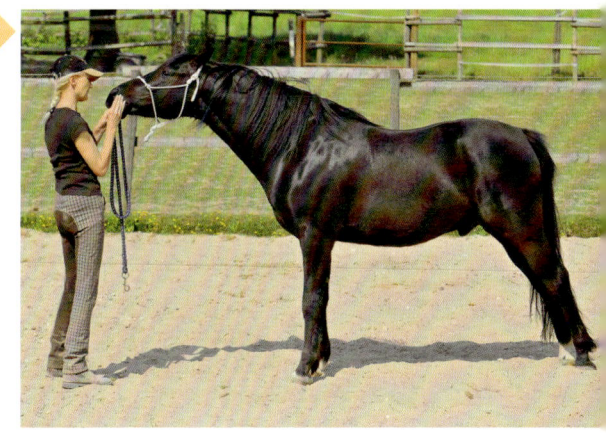

Aufräumen

Ist Ihr Pferd nun allmählich auf den Geschmack gekommen, lassen sich die Übungen, bei denen es etwas ins Maul nehmen soll, unendlich variieren.

Beliebt ist das „Aufräumen". Damit bringen Sie Ihre Zuschauer mit Sicherheit zum Schmunzeln und Ihre Stallkollegen werden Sie sehr beneiden!

Anfassen

Stellen Sie drei oder vier Pylonen hintereinander auf den Boden. Am besten reiben Sie die erste Pylone am Rand mit einem Apfel ein, um dem Pferd das Aufnehmen des Gegenstandes schmackhafter zu machen. Dann zeigen Sie auf die Pylone, geben Ihr Kommando (z. B. „Halt") und loben Ihr Pferd, sobald es die Pylone aufnimmt.

Gut im Griff

Damit Romeo die Pylone besser „greifen" kann, kicke ich sie kurz mit dem Fuß um, sodass er die Pylone am unteren Rand ins Maul nehmen kann. Hat Ihr Pferd verstanden, was es tun soll, erübrigt es sich recht schnell, die Pylone mit etwas einzureiben. Haben Sie Spaß mit den Pylonen? Dann üben Sie doch noch ein wenig weiter! Ihr Pferd soll die Pylone nicht nur ins Maul nehmen, sondern Ihnen abgeben.

Gemeinsam aufräumen

Zeigen Sie wieder auf die Pylone, geben Sie das Kommando und nehmen Sie die Pylone rechtzeitig, ehe Ihr Pferd sie wieder fallen lässt, in die Hand. Nun loben Sie wieder! Schnell lernt Ihr Pferd, dass es ein Lob und vielleicht ein Leckerchen bekommt, wenn es Sachen aufhebt. So kann man eine kleine Serie daraus machen, und es gibt erst dann ein großes Leckerchen, wenn Ihr Pferd die dritte oder vierte Pylone aufgehoben hat.

Fußball spielen

Nach all den Tricks brauchen Sie noch ein wenig Action zum Abschluss? Da hätte ich eine Idee! Kennt Ihr Pferd den Ball und hat es keine Angst davor? Vielleicht spielt es gern Fußball, wie ich es in „Bodenarbeit mit Pferden" schon vorgestellt habe? Wenn es auf Handzeichen und/oder Kommando gegen den Ball treten kann, dann könnten Sie den nächsten Schritt wagen und zu Pferd Fußball spielen.

Ballgefühl

Geben Sie vom Pferd aus das gleiche Stimmkommando wie am Boden, z. B. „Kick". Das sollte Ihrem Pferd keine Probleme bereiten. Folgen Sie immer dem Ball und führen Sie das Pferd am langen Zügel direkt auf den Ball zu. Später können Sie engere Wendungen probieren. Beginnen Sie unbedingt im Schritt! Wenn dies gut klappt, dann können Sie einen kleinen Trab einbauen. Am besten, wenn der Ball weit entfernt liegt, sodass Sie ein paar Schritte traben können, ehe Sie auf den Ball treffen.

Tor

Um das Ballspielen interessanter zu gestalten, können Sie zwei Tonnen oder Pylonen als Tor auf den Reitplatz stellen und versuchen, den Ball vom Pferd aus durch das Tor zu schießen. Sie werden sehen, das ist gar nicht so einfach. Sie müssen genau anreiten, um den Ball in die gewünschte Richtung zu schubsen. Weicht Ihr Pferd aus, wird der Ball nicht ins Tor gehen.

Teams

Falls Sie in Ihrem Stall Mitspieler finden, können Sie auch zu zweit oder viert spielen und kleine Turniere austragen.
Spielen Sie zu zweit, hat der gewonnen, der zuerst den Ball durch die Tonnen schießt. Spielen Sie mit zwei Zweierteams, dann bauen Sie am besten auch zwei Tore auf, so entzerrt sich das Spielgeschehen.

Routinier

Vorsicht: Der Ball kann schon mal unter den Bauch der Pferde rollen oder von hinten an die Beine. Üben Sie erst mit Halfter und Strick am Boden, um die Pferde an das rollende Etwas zu gewöhnen. Ihre Pferde sollten wirklich hundertprozentig routiniert sein, damit sie sich beim Spielen nicht erschrecken.

Nach der Arbeit

Wenn Sie nun fleißig geübt haben – egal ob Bodenarbeit, Zirkuslektionen oder Tricks –, dann hat sich Ihr Pferd einen schönen Abschluss verdient.

Vielleicht mögen Sie den Tag mit einem Ausritt ausklingen lassen oder Sie schicken Ihr Pferd auf die Weide. Auch meine Pferde haben da so ihre Vorlieben...

Völlig erledigt?

Nein, Romeo ist nicht total erschöpft. Wir üben zwar gerne miteinander, aber ich beende das Training immer, ehe das Pferd müde und unkonzentriert wird. Sonst gelingen die Übungen immer weniger. Viel schöner ist es doch, mit einem guten Gefühl zum Abschluss zu kommen.

Romeo liebt es, sich nach getaner Arbeit in den Sand zu werfen. Und meistens bleibt er erst einmal faul liegen...

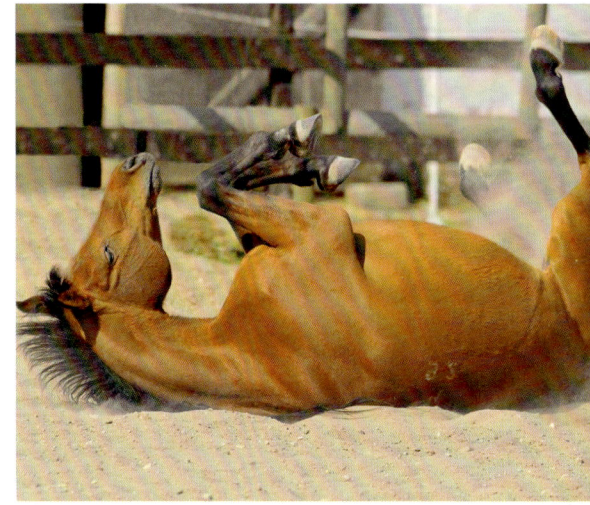

Wellness

Sie können Ihrem Pferd als Belohnung auch eine Massage mit dem Gummistriegel gönnen oder entspannendes Schweifkreisen oder ...
Worüber freut sich Ihr Pferd?

Genussvoll

Auch Shir Khan wirft sich nach getaner Arbeit zu gerne in den Sand des Reitplatzes. Er wälzt sich ausgiebig, dreht und wendet sich wie eine Katze. Man sieht ihm an, wie gut das tut!

Vollgas

Letztendlich ist es immer die schönste Belohnung fürs Pferd: Ab auf die Weide! Dort warten vielleicht schon die Pferdekumpel, noch ein gemeinsamer Galopp über die Wiese und dann kann man sich in aller Ruhe dem saftigen Gras widmen ...
So beenden Sie und Ihr Pferd den Tag zufrieden und entspannt. Ich wünsche Ihnen auch morgen viel Spaß beim Üben!

Darf ich vorstellen? Die Akteure

Ich glaube, Sie können auf allen Bildern erkennen, dass nicht nur wir Reiter, sondern auch unsere Pferde unglaublich viel Spaß beim Üben der unterschiedlichen Lektionen und Tricks haben.

Die gemeinsame Arbeit schweißt uns zusammen und lässt uns manches Problem ganz spielerisch überwinden. Wir wünschen auch Ihnen und Ihrem Pferd viel Freude mit den Zirkustricks!

Andrea Boox

Andrea ist 28 Jahre alt. Sie reitet seit ihrer frühen Kindheit und bestritt in der Jugend zahlreiche Turniere. Sie reitet regelmäßig meinen Romeo, damit er in seiner Ausbildung weiterkommt. Vor drei Jahren entdeckte sie mit ihrer Familie die Amerikanischen Miniaturpferde. Die Zucht dieser edlen Rasse ist seitdem ihre Leidenschaft.

Anke Pöstges

Anke ist 33 Jahre alt und hat beim Bauern nebenan die ersten Reitanfänge als „Buschreiter" erleben dürfen. Nach einer Zeit in der Reitschule ist sie jetzt seit sechs Jahren mit dem manchmal sehr eigensinnigen Haflinger Duke ein Team. Durch die Bodenarbeit und die Zirzensik haben beide eine gute Kommunikationsbasis geschaffen.

Petra Tinedo Moreno

Petra ist 34 Jahre alt und besitzt vier Pferde, vom Shetlandpony bis zur Andalusierstute. Seit vielen Jahren gibt sie Lehrgänge zum Thema Zirkuslektionen und klassische Bodenarbeit. Ihre Leidenschaft sind die spanischen Pferde. Petra hat mir bei der Ausbildung meiner Pferde, speziell im Bereich der Zirkuslektionen, weitergeholfen.

Jennifer Thelen

Jenny ist mit 17 Jahren die jüngste Akteurin in diesem Buch. Sie und Romi sind seit sieben Jahren ein Team und machen einfach alles miteinander, egal ob es ein Dressurturnier ist, Springen, Gelände- oder Halsringreiten oder zirzensische Lektionen. Die Beiden gehen gemeinsam durch dick und dünn!

Sigrid Schöpe

Ich selbst reite schon seit ca. vierzig Jahren, lerne aber immer noch dazu. Mit Shir Khan reite ich freizeitmäßig Western, mit Romeo arbeite ich von der Dressur bis zum spanischen Stil (Working Equitation). Wir gehen immer wieder raus ins Gelände.
Shir Khan ist das perfekte Bodenarbeitspferd, und Romeo begeistert sich für Zirkuslektionen und Tricks. So erfüllen mir beide Pferde meine Vorlieben. Wer mehr wissen möchte, darf gern meine Homepage besuchen: www.gefühl-fürs-pferd.de.

Service

Zum Weiterlesen

Borelle, Bea / Braun, Gudrun: **Bea Borelles Zirkusschule**; Bühne frei für Pferde, KOSMOS 2004
Von den grundlegenden Basisübungen bis hin zu den Klassikern und den einzigartigen Kunststücken von Pony Ben bietet diese Zirkusschule alles, was Pferdeherzen höher schlagen lässt.

Eschbach, Andrea und Markus: **Freie Bodenarbeit mit dem Pferd**; KOSMOS 2011
Schritt für Schritt zum Pferdeflüstern – das klappt mit diesem praktischen Ratgeber. Ausgehend von Verhalten und Kommunikation der Pferde zeigt das sympathische Trainerpaar Andrea und Markus Eschbach, wie ein freies Miteinander funktioniert.

GaWaNi Pony Boy: **Horse, Follow Closely**; Indianisches Pferdetraining – Gedanken und Übungen; KOSMOS 2010
GaWaNi Pony Boy veranschaulicht die traditionellen Trainingsmethoden seiner indianischen Vorfahren. Ein Buch, das den Traum vieler Reiter beschreibt: eins zu sein mit dem Pferd. Sonderausgabe mit DVD.

Hubert, Marie-Luce / Klein, Jean-Louis: **Mustangs, Pferde in Freiheit**; KOSMOS 2009
Wunderschöne Aufnahmen preisgekrönter Fotografen nehmen Sie mit zu den letzten Wildpferden Amerikas. Die Autoren begleiteten die stolzen Pferde über fünf Jahre. Ihre Reportage ist spannend und unglaublich berührend. Ein außergewöhnlicher Bildband.

Kreinberg, Peter: **Peter Kreinbergs Bodenschule**; The Gentle Touch®-Übungen für mehr Gelassenheit, KOSMOS 2009
Die wichtigsten Bodenarbeitsübungen nach der The Gentle Touch®-Methode mit Schritt-für-Schritt-Rezepten. Eine Fundgrube für alle, die ihr Pferd einfach, effektiv und pferdefreundlich ausbilden wollen.

Nützliche Adressen

Deutsche Reiterliche Vereinigung (FN)
Freiherr-von-Langen-Str. 13
D-48231 Warendorf
Tel. +49-(0)2581-63620
www.pferd-aktuell.de

Vereinigung der Freizeitreiter und -fahrer in Deutschland (VFD)
Zur Poggenmühle 22
D-27239 Twistringen
Tel. +49-(0)4243-942404
www.vfdnet.de

Österreichischer Pferdesportverband (OEPS)
Geiselbergstraße 26–32/Top 512
A-1110 Wien
Tel. +43-(0)1-7499261
www.oeps.at

Schweizerischer Verband für Pferdesport (SVPS)
Papiermühlestr. 40 H
Postfach 726
CH-3000 Bern 22
Tel. +41-(0)31-3354343
www.fnch.ch

Schöning, Dr. Barbara: **Trainingsbuch Pferdeerziehung**; Schritt für Schritt zum gut erzogenen Pferd, KOSMOS 2010
Jedes Pferd kann und muss Regeln lernen! Wie dies systematisch zu erreichen ist, zeigt Dr. Barbara Schöning Schritt für Schritt in diesem Buch. Erziehungsgrundlagen werden erklärt, Probleme analysiert und Lösungsmöglichkeiten gezeigt.

Schöpe, Sigrid: **Bodenarbeit mit Pferden**; KOSMOS 2010
Hier lernen Einsteiger Schritt für Schritt, wie Bodenarbeit funktioniert. Die Basis-Übungen, aber auch einfallsreiche Variationen trainieren das Pferd und bringen Abwechslung in den Alltag. Viele Fotos zeigen genau, wie es geht.

Register

Bildnachweis

129 Farbfotos wurden von Horst Streitferdt/ Kosmos für dieses Buch aufgenommen.

Weitere Farbfotos von Sigrid Schöpe (3, S. 46 l., 47 l., 47 r.)

DANKE

▸ Bei allen Teilnehmer/innen des Fototermins, auch jenen im Hintergrund, wie zum Beispiel Horst Streitferdt, Birgit Bohnet und allen Helfern und Helferinnen, die im Laufe des Tages anwesend waren, möchte ich mich ganz herzlich für die Hilfe und Unterstützung bedanken!

Impressum

Umschlaggestaltung von eStudio Calamar unter Verwendung von vier Fotos von Horst Streitferdt/ Kosmos.

Mit 132 Farbfotos

Unser gesamtes lieferbares Programm und viele weitere Informationen zu unseren Büchern, Spielen, Experimentierkästen, DVDs, Autoren und Aktivitäten finden Sie unter **kosmos.de**

Alle Angaben und Methoden in diesem Buch sind sorgfältig erwogen und geprüft. Sorgfalt bei der Umsetzung ist indes dennoch geboten. Verlag und Autor übernehmen keinerlei Haftung für Personen-, Sach- oder Vermögensschäden, die im Zusammenhang mit der Anwendung und Umsetzung entstehen könnten.

Gedruckt auf chlorfrei gebleichtem Papier

© 2012, Franckh-Kosmos Verlags-GmbH & Co. KG, Stuttgart.
Alle Rechte vorbehalten
ISBN 978-3-440-12717-9
Redaktion: Birgit Bohnet
Gestaltung und Satz: Atelier Krohmer, Dettingen
Produktion: Nina Renz
Printed in Germany / Imprimé en Allemagne

MIX
Papier aus verantwortungsvollen Quellen
FSC® C004592

KOSMOS.

Lesen. Wissen. Reiten.

KOSMOS.
Die besten Übungen.

Die Grundlagen guten Reitens

Jeden Tag steht man als Reiter vor der Frage: Wie gestalte ich mein Training, damit mein Pferd und ich in der Ausbildung vorankommen und dazu auch noch Spaß haben? Dieser Beste-Übungen-Ratgeber zeigt Lektionen in unterschiedlichen Schwierigkeitsgraden und erklärt die richtigen Hilfen anhand vieler Fotos.

Sibylle Wiemer
Gymnastizierendes Reittraining
112 S., 180 Abb., €/D 14,99

Selbstständig trainieren

Immer nur dieselben Lektionen auf dem Reitplatz – das macht wenig Spaß. Mit Stangen und Pylonen lässt sich ein abwechslungsreicher Parcours legen, der Pferd und Reiter vor neue Aufgaben stellt. Dieses Buch liefert übersichtlich und schnell erfassbar viele Ideen für das eigenständige Training.

Sigrid Schöpe
Reittraining mit Stangen und Pylonen
96 S., 157 Abb., €/D 14,99

Preisänderung vorbehalten

kosmos.de/pferde